# 多媒体互动学习光盘使用说明

将光盘放入光驱，稍等片刻后光盘将自动运行。如果不能自动运行，可在系统桌面上双击"我的电脑"图标，在打开的窗口中右击光驱盘符，然后在弹出的快捷菜单中选择"自动播放"命令，即可进入多媒体互动学习光盘主界面，如图1所示。

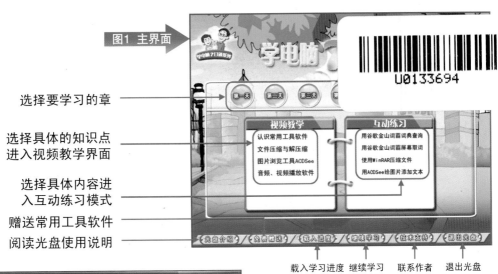

图1 主界面

选择要学习的章

选择具体的知识点
进入视频教学界面

选择具体内容进
入互动练习模式

赠送常用工具软件

阅读光盘使用说明

载入学习进度　继续学习　联系作者　退出光盘
　　　　　　　上次内容

图2 视频教学界面

在视频教学界面，将播放用户所选择的视频内容。用户可以通过功能控制区的按钮进行操作；可以通过声音控制区的按钮调节解说和背景音乐的音量；可以通过【章节选择】和【互动练习】按钮快速选择要学习的内容；可以通过【边学边练】按钮进入边学边练学习模式。

声音控制区　　功能控制区　同步显示解说词

图3 互动练习界面

在主界面中单击【互动练习】按钮后进入互动练习模式，用户只需根据屏幕上或右下方文字显示区域的文本提示，使用鼠标或键盘直接在演示界面即可进行相应的操作，然后进入下一步操作。可以单击【后退】按钮重复操作，或直接单击【前进】按钮进入下一步操作。

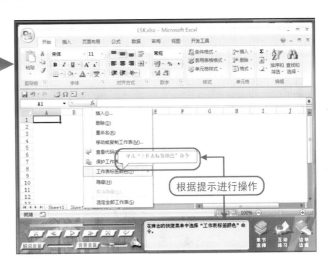

# 多媒体互动学习光盘使用说明

快退

暂停

快进

返回

## 图4 边学边练界面

在主界面中单击【边学边练】按钮进入边学边练模式，界面将自动缩小到只有一个文本框和播放控制按钮的界面。此时，读者可启动对应的软件跟着提示进行练习操作。单击【返回】按钮可切换到视频教学界面。

## 图5 快速选择学习内容

单击【章节选择】按钮，在弹出的菜单中可以快速选择想要学习的内容并进入视频教学模式。单击【互动练习】按钮，在弹出的菜单中可选择操作内容并进入互动练习模式。

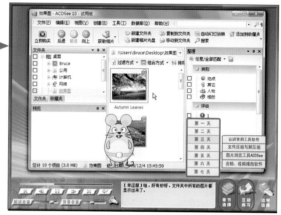

## 图6 载入进度界面

在主界面中单击【载入进度】按钮，在弹出的对话框中显示了用户之前已经学习本张光盘中内容的进度。单击其中未学完的章节内容，即可在原进度的基础上继续学习。

## 图7 附赠软件界面

在主界面中单击【免费赠送】按钮，在弹出的窗口中将显示附赠的工具软件以及部分说明文件。用户可以根据自己的需要选择相应的工具软件进行安装即可使用。

学电脑 **7** 日通

# 电脑

# 基本操作

Windows Vista版

文丰科技 编著

**快学**：7天时间快速掌握电脑知识
**易学**：定位于最初级读者，易学易用
**宜学**：全程图例讲解，双色印刷

清华大学出版社
北京

# 内 容 简 介

本书是"学电脑 7 日通"系列之一，以通俗易懂的语言、翔实生动的操作案例，全面讲解了电脑基本操作方面的知识。主要内容包括初识电脑与 Windows Vista，Windows Vista 操作系统全接触，常用工具任你选，Word 2007 基本知识，Excel 2007 综合应用，畅游网络世界以及电脑维护与网络安全等。

本书采用双色印刷，内容浅显易懂，注重基础知识与实际应用相结合，操作性强，读者可以边学边练，从而达到最佳学习效果。全书图文并茂，为主要操作界面配以详尽的标注，使读者学习起来更加轻松。

本书可作为电脑初学者学习和使用电脑的参考书，也可作为电脑培训班的培训教材。

**图书在版编目（CIP）数据**

电脑基本操作（Windows Vista 版）/文丰科技编著. —北京：清华大学出版社，2009.5

（学电脑 7 日通）

ISBN 978-7-302-19206-0

I. 电…　II. 文…　III. 电子计算机-基本知识　IV. TP3

中国版本图书馆 CIP 数据核字（2008）第 211207 号

责任编辑：朱英彪　朱　俊
封面设计：一度文化
版式设计：魏　远
责任校对：王　云
责任印制：李红英

出版发行：清华大学出版社　　　　　　地　　址：北京清华大学学研大厦 A 座
　　　　　http://www.tup.com.cn　　　邮　　编：100084
　　　　　社　总　机：010-62770175　邮　　购：010-62786544
　　　　　投稿与读者服务：010-62776969，c-service@tup.tsinghua.edu.cn
　　　　　质　量　反　馈：010-62772015，zhiliang@tup.tsinghua.edu.cn
印　刷　者：北京市世界知识印刷厂
装　订　者：三河市新茂装订有限公司
经　　销：全国新华书店
开　　本：190×260　印　张：13.5　插　页：1　字　数：309 千字
　　　　　（附光盘 1 张）
版　　次：2009 年 5 月第 1 版　　印　　次：2009 年 5 月第 1 次印刷
印　　数：1～7000
定　　价：28.80 元

前 言

随着信息化技术的不断推广，电脑的应用领域变得越来越广泛，电脑在现代人的生活和工作中已不可或缺，学习和掌握电脑知识也变得尤为重要。目前，市场中的计算机基础图书品种繁多，但多数都没有为读者设置详细的学习计划，读者学习起来缺乏既定的目标，时间久了容易失去兴趣。为此，我们针对初学者的需求编写了《电脑基本操作（Windows Vista 版）》。

本书将电脑基本操作的知识分为 7 日来学习，每日的学习内容安排如下。

第 1 日：介绍电脑的一些基础知识，包括电脑的应用领域、电脑的组成、各设备的连接方法、键盘和鼠标的使用、Windows Vista 操作系统以及几种常见的输入法等。

第 2 日：首先学习 Windows Vista 的新特性、改变桌面主题以及菜单、窗口与对话框的操作等；接下来介绍了 Windows Vista 中的文件管理和 Windows Vista 自带的附件工具。

第 3 日：学习了 WinRAR、超星图书阅览器、ACDSee、千千静听、暴风影音等的使用。

第 4 日：首先介绍了 Word 的基础知识；然后介绍了在 Word 中设置字符和段落格式、插入图片、剪贴画和艺术字以及表格的方法；最后介绍了设置 Word 文档格式以及打印文档等知识。

第 5 日：首先介绍了 Excel 2007 的一些综合知识，包括其工作界面以及工作簿、工作表和单元格的基本操作；然后介绍了在工作表中输入数据和对单元格进行格式设置的方法。

第 6 日：介绍了 Internet 基础知识和 IE 浏览器的使用方法，引导读者领略非常流行时尚的网络娱乐生活，如发送电子邮件、网络聊天、网络游戏、欣赏网络动漫以及进行网络购物等。

第 7 日：主要介绍了电脑的日常维护、磁盘维护、系统维护和优化、电脑常见故障的排除、查杀病毒以及网络安全等方面的知识。

附录 A：针对每日的学习进行补充，有兴趣和学习时间充裕的读者可以在这一部分学习到更深入的电脑知识。

## 本书特点

### 1. 合理的写作体例

将全书内容按学习强度及难度划分为 8 个有机整体，使读者能够有计划、有目的地进行学习。另外，各章均安排了各类实用的功能模块，可有效提高读者的学习效率。

今日学习内容综述：在每日的开始处列出当天所要学习的知识点，让读者心中有数。

智慧锦囊、指点迷津：通过阅读这两个模块的内容，读者可以掌握一些常见的操作技巧或扩展知识。

重点提示：通过"重点提示"，读者可以快速掌握和了解一些常见的技巧、知识。

本日小结：对当天所学的知识内容进行概括，使读者对新知识有一个更深的认识。

新手练兵：读者可以动手操作，既可温习本章所学内容，又可以掌握新的知识。

### 2. 突出"快易通"

本书内容力求精练、有效，叙述时图文并茂，语言简洁易懂，同时侧重实际操作技巧，竭力做到让读者能够"快速入门"、"易学易用"、"轻松上手"。

轻松上手：采用双色印刷，图案精美且标注清晰，布局美观，让读者在一个轻松的环境中进行学习，效率自然也就大大提高。

易学易用：采用"全程图解"方式，必要知识点介绍简洁而清晰，操作过程全部以图形的方式直观地表现出来，并在图形上添加操作序号与说明，更加简单准确。

内容够用：版式上采用双栏模式，保证必要的知识点都能介绍清楚，从而能够在有限的篇幅中学到必需的电脑知识。

### 3. 交互式多媒体视频光盘

本书配套多媒体视频光盘，读者可以先看光盘，再跟着操作，学习起来更加直观、快速。本套光盘功能完善，操作简便，突出与读者的互动性，具体特点如下。

模拟情景教学：通过"越越老师"、"超超"以及"幸运鼠"之间围绕电脑知识的互动学习而展开，让读者感受身临其境的学习环境。

保存学习进度：自动保存学习的进度，在每次学习时，读者可自由选择所要学习的内容或继续上一次的学习。

互动练习：不再需要相应软件的支持，只要跟随操作演示中的知识讲解和文字提示，即可在演示界面上执行实际操作。

边学边练：此时演示界面显示为一个文字演示窗口，用户可以根据文字说明和语音讲解的指导，在电脑操作系统或相应软件中进行同步的操作。

赠送实用软件：配套光盘中附带了 8 个应用软件，分别为：万能五笔输入法、屏幕音影捕捉软件 Camtasia、PDF 文件打印程序 PDFfactory、智能手机输入法、FTP 服务器软件 ServUSetup、积木输入法、Word/Excel/PowerPoint 文档专用压缩工具 NXPowerLite、三笔输入法软件。

## 读者对象

本套丛书总体定位于电脑基础和常用的应用软件的最初级入门读者，以"快学、易用"为主旨，帮助读者迅速掌握基本电脑知识并提高。

本书的作者均已从事计算机基础教育及相关工作多年，拥有丰富的教学经验和实践经验。参与本书编写的人员有黄百胜、柴晓爱、李学营、许永梅、肖克佳、韩天煊、张云松、魏洪雷、李天龙、李世坤、朱海芬、张文彩、孙中华、贾延明和闫娟等。

最后，感谢您对本套丛书的支持，我们会再接再厉，为大家奉献更多优秀的电脑图书；同时也感谢为丛书提供常用工具软件的深圳三笔软件开发部、上海软众信息技术有限公司和深圳市世强电脑科技有限公司。

如果您在阅读过程中遇到困难或问题，请与我们联系，我们将尽快为您解答所提问题。

电子邮件：wfkj2008@126.com

QQ 群：79035042

目 录

学电脑 7 日通

# 第 **1** 日

# 初识电脑与 Windows Vista

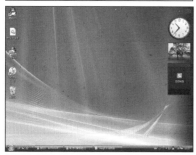

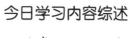

今日学习内容综述

上午：1. 认识电脑

2. 电脑的组成

3. 鼠标和键盘的使用

下午：4. 初识 Windows Vista

5. 常见的输入法

超超：老师，我发现自己太落伍了，还不会使用电脑呢！

越越老师：学习使用电脑是很有必要的，不过现在开始学习还不是太晚。

超超：我早就想学电脑了，可不知道自己行不行？

越越老师：不用担心，我可以教你呀，只要跟着我一步一步地认真学习，一定可以学好的！

超超：太好了，您赶快教我吧！

# 1.1 认识电脑

本节内容学习时间为 8:00～8:50（视频：第 1 日\认识电脑）

电脑是计算机的俗称，英文名称为 Computer，它是一种高度自动化的、能对各种信息进行存储和快速运算的电子设备，它的产生是 20 世纪科学技术发展最重要的成就之一。现在我们见到的电脑大都是微型电脑（又称微机），主要分为两类：一类是台式机，如图 1-1 所示；另一类是笔记本电脑，如图 1-2 所示。

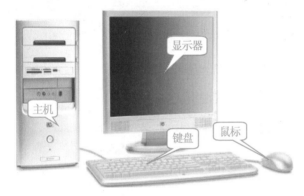

图 1-1　台式机

图 1-2　笔记本电脑

## 1.1.1　电脑的特点

电脑主要具有以下特点。

❖ 自动运行程序：电脑最突出的特点就是能在程序控制下自动连续高速运算。

❖ 运算速度快：电脑能以极快的速度进行计算。现在普通的微型机每秒可执行几十万条指令，而巨型机则可达到每秒执行几十亿条甚至几百亿条指令。

❖ 运算精度高：电脑的计算精度在理论上不受限制，一般的计算机均能达到 15 位有效数字。

❖ 具有超强的记忆和逻辑判断能力：电脑的存储系统由内存和外存组成，具有存储"记忆"大量信息的能力，现代电脑的内存容量已达到上百兆甚至几千兆，而外存也有惊人的容量。另外，电脑借助于逻辑运算，可以进行逻辑判断，并且根据判断结果自动确定下一步该做什么。

❖ 可靠性高：随着微电子技术和电脑技术的发展，现代电脑连续无故障运行时间可达到几十万小时以上，具有极高的可靠性。另外，电脑对于不同的问题只是执行的程序不同，因而具有很强的稳定性和通用性。同一台电脑可应用于不同的领域，并能解决各种问题。

❖ 微型电脑除了具有上述特点外，还具有体积小、价格低、耗电少、维护方便、功能强、使用灵活等特点。

## 1.1.2 电脑的应用

随着科学技术的发展，电脑已广泛应用于人类社会的各个领域。对于普通用户来说，使用它可以进行文字处理、数据和信息管理、上网、游戏和娱乐、图像处理、辅助设计和辅助教学等。

（1）文字处理

用户在日常的办公中，可使用电脑进行文字的编辑处理工作，并且可将文档页面设置得非常美观，如图 1-3 所示。若电脑连接了打印机，还可以将它们打印出来。

（2）数据和信息管理

由于电脑的运算速度快、存储容量大，使得电脑在数据处理和信息管理方面应用十分广泛，很多企业的财务管理、日常开支和人事档案的管理等都开始用电脑来完成。如图 1-4 所示为使用 Excel 软件制作的工资表。

图 1-3　文字处理

图 1-4　使用 Excel 软件制作的工资表

（3）上网

随着网络技术的发展，上网已成为人们生活的一部分，通过 Internet，人们可以方便地在网上浏览各种信息、查看新闻、下载资料、进行远程学习和购物等。如图 1-5 所示为在 Internet 上浏览网页。

电脑必须与 Internet 相连后才能实现上网功能。

图 1-5　浏览网页

（4）游戏和娱乐

使用电脑不仅可以学习、工作，还可以玩游戏、听音乐、看电影等。通过游戏和娱乐可以缓解工作和学习中的压力，给人们的生活带来无限乐趣。如图 1-6 和图 1-7 所示分别为"斗地主"游戏场景和网上观看电影场景。

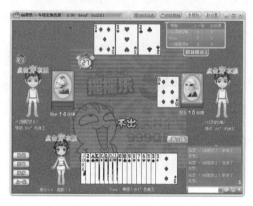

图 1-6　"斗地主"游戏

图 1-7　观看电影

（5）图像处理

如果电脑中安装了图形图像处理软件，如 Photoshop 和 CorelDRAW 等，用户就可以进行图像绘制和处理，该功能主要应用于海报、广告设计、平面制作、影视制作和修饰照片等方面。如图 1-8 所示是用 Photoshop 制作的一则平面广告作品。

图 1-8　图像处理

使用 Windows 操作系统自带的画图程序也可进行简单的图形绘制与编辑操作。

（6）辅助设计

如果电脑中安装了专门的辅助设计软件，如 AutoCAD 和 Protel 等，便可以使用电脑进行建筑、电子或机械产品的辅助设计。用户只需向电脑输入各种基本数据，再通过辅助设计软件对这些数据进行处理，在电脑屏幕上就会显示出最终的平面图和三维立体图，并可通过打印设备将其打印出来。如图 1-9 所示是用 AutoCAD 绘制的建筑平面图。

（7）辅助教学

使用电脑辅助教学是一种现代化的多媒体教育模式，它利用电脑强大的功能，将知识以直观生动的画面、声音和文字等方式传授给学生。如图 1-10 所示是利用电脑制作的教学幻灯片。

图 1-9　建筑平面图

图 1-10　教学幻灯片

# 1.2　电脑的组成

本节内容学习时间为 9:00～10:00（视频：第 1 日\电脑的组成）

一般来说，电脑由两部分组成，即硬件和软件，二者缺一不可。电脑硬件是电脑的载体，相当于人的身体，而软件是电脑的精髓，相当于人的思想。

**指点迷津**

电脑的硬件和软件只有互相配合才能发挥作用。如果没有软件的支持，再好的硬件配置也是毫无价值的；而没有硬件的支持，软件再好也没有用武之地。

## 1.2.1　电脑硬件

电脑的硬件是电脑中看得见、摸得着的实体，主要分为主机、输入设备和输出设备 3 部分，其基本组成结构如图 1-11 所示。下面详细介绍各个部分的组成和功能。

### 1. 主机

主机是电脑最重要的组成部分，是电脑的"心脏"，包括机箱、主板、CPU、显卡、硬盘、内存、光驱、软驱、电源以及各种功能卡（如声卡、视频卡和网卡等）。如图 1-12 所示为目前较为常见的主机外观效果图，如图 1-13 所示为主机的内部结构。

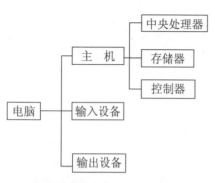

电脑的硬件都是看得见、摸得着的实体，是电脑系统的基础。

图 1-11　电脑硬件的基本组成结构

图 1-12　主机的外观

图 1-13　主机的内部结构

❖ 主板：也叫主机板或母板，它是固定在主机箱内的一块电路板，如图 1-14 所示。主板是 CPU、内存、显卡及各种扩展卡的载体。主板是否稳定决定着整个电脑是否稳定，主板的速度在一定程度上也制约着整机的速度。

❖ 内存：又称为内部存储器，是电脑的记忆中心，用于暂时存放当前电脑运行所需要的程序和数据，并协调 CPU 的处理速度。内存的外观如图 1-15 所示。

图 1-14　电脑主板

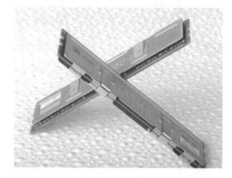

图 1-15　内存

❖ CPU：也称为中央处理器，负责信息的运算和分析，主要由控制器和运算器组成，是电脑的核心部件。

❖ 硬盘：是电脑中必备的外部存储设备，其存储速度比软盘等存储器要快很多，存储容量也比较大。硬盘的外观如图 1-16 所示。

图 1-16 硬盘

❖ 光盘驱动器：又简称为光驱，其外观如图 1-17 所示，用于播放光盘内容。

图 1-17 光盘驱动器

## 2. 输入设备

输入设备可以把用户输入的数据或发出的指令转换成电信号，并通过电脑接口电路将这些信息传送至电脑存储器。常用的输入设备有鼠标和键盘等，如图 1-18 和图 1-19 所示。

图 1-18 鼠标

图 1-19 键盘

## 3. 输出设备

输出设备用于将电脑的处理结果以人们可以识别的信息形式（如文字、图片和声音等）显示出来。常用的输出设备有显示器和打印机等，如图 1-20 和图 1-21 所示。

图 1-20 显示器

图 1-21 打印机

**重点提示**　　了解电脑硬件知识后，用户就可以选购所需的电脑了，一般 CPU 速度、内存容量、硬盘容量、显示器大小、显卡性能以及外部设备的配置等决定了电脑性能的高低。

### 1.2.2　电脑软件

电脑软件是指运行在电脑硬件上的各种程序，电脑的软件可分为系统软件和应用软件两类。下面分别进行介绍。

**1.　系统软件**

系统软件用来管理、控制和维护电脑系统的各种资源，主要包括操作系统（如 Windows 操作系统）、程序设计语言和编译系统等。

**2.　应用软件**

应用软件是针对某一领域的问题而制作的程序，如 Word 和 WPS 是文档类的应用软件，Photoshop 和 CorelDRAW 是处理图像类的应用软件。一般来说，工具应用软件具有操作简单、实用性强的特点。

# 1.3　鼠标和键盘的使用

 本节内容学习时间为 10:30～11:30（视频：第 1 日\鼠标和键盘的使用）

在 1.2 节中已经大致认识了鼠标和键盘的外观，由于它们是电脑中不可缺少的输入设备，因此下面将对它们的使用方法进行详细讲解。

### 1.3.1　使用鼠标

鼠标是用户向电脑系统发出指示命令的重要输入设备之一，它的外形像老鼠。根据鼠标的按键不同，可将鼠标分为双键鼠标、三键鼠标和滚轮鼠标。目前最常用的是三键鼠标（如图 1-22 所示），由鼠标左键、鼠标右键、滚轮和鼠标线组成。

图 1-22　三键鼠标

**重点提示**　根据工作原理的不同，鼠标又可分为机械式、光电式、光学式以及无线鼠标等。机械式鼠标价格便宜，但易磨损，易出现鼠标光标跳动现象；光电式和光学式鼠标价格较高，但光标定位精度高。

### 1. 手握鼠标的方法

正确地"把握"鼠标是操作鼠标的基础，其方法是：食指和中指自然放置在鼠标的左键和右键上，拇指、无名指及小指轻轻握住鼠标，手掌心轻轻贴住鼠标后部，手腕自然垂放在桌面上；其中，食指控制鼠标左键，中指控制鼠标右键及滚轮，如图 1-23 所示。

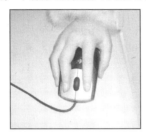

图 1-23　手握鼠标的方法

### 2. 鼠标的基本操作

Windows 中的大部分操作都可以通过鼠标来完成，鼠标的基本操作包括移动、单击、双击、右击、拖动和滚动等，各种操作的方法如下。

（1）移动

移动即是手握住鼠标在平面上拖动，此时鼠标光标会在显示屏幕上同步移动，若将鼠标光标移到桌面上的某一对象上停留片刻，便是定位操作，被定位的对象会出现相应的提示信息，如图 1-24 所示。

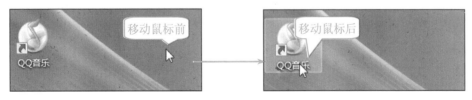

图 1-24　移动鼠标

（2）单击

单击又称"点击"，是指将鼠标光标指向目标对象后，用食指按下鼠标左键并快速松开按键的过程。单击常用于选择对象，被选中的对象呈高亮显示。

（3）双击

双击是指将鼠标光标移动到目标对象后，连续两次快速单击（即用食指快速连续按两次鼠标左键），该操作常用于启动某个程序或任务、打开某个窗口或文件夹。如图 1-25 所示为双击桌面上的"回收站"图标后打开的"回收站"窗口。

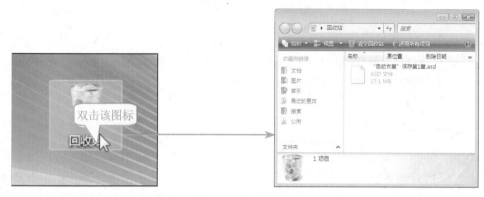

图 1-25  "双击"示意图

（4）右击

右击即单击鼠标右键，指将鼠标光标指向目标对象后，用中指按下鼠标右键后快速松开按键的过程。该操作常用于打开与对象相关的快捷菜单。

（5）拖动

拖动是指将鼠标光标指向目标对象后，按住鼠标左键不放移动鼠标，把对象从屏幕上的一个位置移到另一个位置，然后释放鼠标左键。如图 1-26 所示为拖动"回收站"图标的效果。

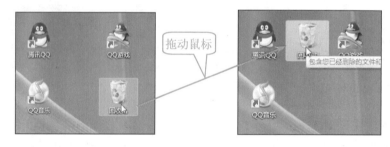

图 1-26  拖动对象

（6）滚动

滚动是指对鼠标滚轮的操作。在浏览网页或长文档时，使用中指滚动鼠标的滚轮能够显示窗口中未能显示完的信息。

## 1.3.2  使用键盘

键盘是电脑最常用的输入设备之一，使用它可以输入中、英文字符以及各种系统命令等。

### 1. 认识键盘

键盘有 101 键、103 键、104 键、107 键和 108 键等规格，目前最常用的是 107 键键盘，如图 1-27 所示。键盘根据其功能可分为主键盘区、功能键区、编辑键区、状态指示灯区和小键盘区 5 个区域，在键盘右上角还有一个键盘提示区。

图 1-27　107 键盘

❖ 编辑键区：位于主键盘区与小键盘区之间，如图 1-28 所示，主要用于对光标进行控制以及对一些页面进行操作。

灯亮表示可用小键盘区输入数字；Caps Lock 灯亮表示此时可输入大写字母；Scroll Lock 灯亮表示在 DOS 状态下屏幕中显示的内容较多时将滚动显示。

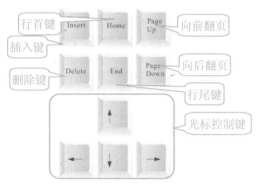

图 1-28　编辑键区

指点迷津　　按键盘上的方向键只会移动光标，不会删除任何字符，也不会影响字符显示。

图 1-29　小键盘区

图 1-30　状态指示灯区

❖ 小键盘区：位于键盘的右下部，如图 1-29 所示，包括数字键和运算符号键，主要用于快速输入数字。

❖ 状态指示灯区：位于键盘的右上角，包括 3 个指示灯，如图 1-30 所示，其中 Num Lock

❖ 主键盘区：是键盘上最重要的区域，也是使用最频繁的区域，包括字母键、数字键、符号键、控制键和 Windows 功能键等，如图 1-31 所示。

❖ 功能键区：位于键盘的顶端。在不同的应用程序中，各键的功能也不相同。使用功能键可以快速完成一些操作，节省时间。另外，在某个程序中，用户也可以自定义各键的功能。例如，按 F1 键，通常情况下将打开帮助文档。

**重点提示** 3 个特殊的功能键：Print Screen Sys Rq 键为屏幕打印控制键、Scroll Lock 键为滚动锁定键、Pause Break 键为暂停键。

图 1-31　主键盘区

## 2.　正确的打字姿势

在使用键盘时，应采用正确的打字姿势，如图 1-32 所示为比较标准的打字姿势身体部位角度图。若姿势不正确，不仅会影响输入速度，还容易产生疲劳感，造成视力下降。正确的打字姿势大致应注意以下几点：

❖ 坐椅的高度应与电脑键盘、显示器的放置高度相适应。双手自然垂放在键盘上，肘关节略高于手腕。操作者坐下后，其目光水平线应处于显示屏幕上方的 2/3 处左右。

❖ 身体坐正，眼睛与显示器屏幕的距离约为 30~40cm，全身放松，双手自然放在键盘上，腰部挺直，上身微前倾，身体与键盘的距离大约为 20cm。

❖ 双脚的脚尖和脚跟自然地放在地面上，大腿自然平直，小腿与大腿之间的角度近 90°。

❖ 不要长时间盯着屏幕，以免损伤眼睛。

图 1-32　标准的打字姿势

## 3.　手指键位分工

键盘中有 8 个基准键位，在操作键盘时，应先将两手除拇指外的 8 个手指放在相应的 8 个基准键位上，手指的放置方法如图 1-33 所示。一般情况下，在 F 和 J 键上各有一个突出的小横杠，便于用户定位左、右手食指。

图 1-33 基准键位的手指分工

掌握了基准键及指法，就可以进一步掌握其他键位了。手指的键位分工就是把键盘上的键位合理地分配给 10 个手指，使每个手指在键盘上都有明确的"管辖区域"，如图 1-34 所示，这样便于操作，提高了工作效率。

图 1-34 键位分工

### 4. 常用组合键功能

Windows 操作系统定义了许多默认的键盘组合键，使用这些组合键可以很方便地完成许多常见操作。常用的键盘组合键如表 1-1 所示。

表 1-1 常用的键盘组合键

| 快 捷 键 | 含 义 |
| --- | --- |
| Ctrl+N | 新建一个新的文件 |
| Ctrl+C | 复制 |
| Ctrl+V | 粘贴 |
| Ctrl+X | 剪切 |
| Ctrl+A | 选中所有的内容 |
| Ctrl+Home | 将光标移至文档开头 |
| Ctrl+End | 将光标移至文档末尾 |
| Alt+Tab | 在打开的文件之间切换 |
| Shift+Delete | 永久删除所选项 |
| Alt+Enter | 查看所选项目的属性 |
| Ctrl+Esc | 快速打开"开始"菜单 |

# 1.4 初识 Windows Vista

本节内容学习时间为 14:00～15:00（视频：第 1 日\初识 Windows Vista）

Windows Vista 操作系统是 Microsoft 公司推出的新一代操作系统，其令人耳目一新的人性化界面和强大的功能都实现了巨大的变革，系统的稳定性和安全性也有了进一步的提升，因此被称为有史以来最具革命性的操作系统。

## 1.4.1 Windows Vista 简介

Windows Vista 的桌面内容比 Windows XP 更加丰富多彩，除了 XP 桌面中的各对象外，Windows Vista 还提供了新颖的边栏小工具，为用户提供了用于快速访问信息和链接的方法，例如，日历能够显示当前日期和时间等；照片库能够对电脑上所有的图片进行扫描，方便浏览和查看图片。此外，Windows Vista 操作系统还具有一些新元素，如玻璃效果的 Aero 界面和安全性更高一筹的用户账户控制等。

目前，微软公司一共发布了如下 5 种有关 Windows Vista 的版本：

（1）Windows Vista Business

该版本为商务版，能够帮助用户很快地完成电脑管理工作，具有较高的安全性和较高的运行速度，可以为用户提供更好的操作环境。

（2）Windows Vista Enterprise

该版本为企业版，可以帮助企业用户更好地完成企业中的各种事务，同时为用户的各种重要数据提供更完善的保护。

（3）Windows Vista Home Basic

该版本为家庭版，主要针对只需要使用电脑进行基本操作处理的用户，功能相对其他版本简单一些，不过可靠性、安全性和可用性相同。

（4）Windows Vista Home Premium

该版本也是家庭版的一种，具有较为全面的功能，可以让普通用户轻松地实现收发电子邮件、网上冲浪和视听娱乐等功能。

（5）Windows Vista Ultimate

该版本具有 Windows Vista 所有的功能，能满足绝大多数电脑用户的日常使用需求。

## 1.4.2 启动 Windows Vista

成功安装了 Windows Vista 操作系统后，启动该操作系统实际上就是一个启动电脑的过程。首先按下电源开关，启动显示器和电脑主机后，系统将会进行自检，自动完成启动

Windows Vista 的全部工作。若在安装 Windows Vista 操作系统的过程中设置了密码，将打开输入密码的界面。

**指点迷津**

如果在操作电脑的过程中出现死机现象，而键盘和鼠标都无法使用，则可通过按主机箱上的 Reset（复位）按钮复位启动电脑。

### 1.4.3  初识 Windows Vista 桌面

进入 Windows Vista 桌面后，系统首先默认打开"欢迎中心"窗口，如图 1-35 所示。通过它用户可以查看 Windows 入门和 Microsoft 产品的相关信息。

图 1-35  Windows Vista 欢迎中心

将鼠标光标移动到"欢迎中心"窗口右上角的"关闭"按钮上并单击将关闭该窗口，显示出 Windows Vista 桌面，在其中主要包括了桌面背景、桌面图标、任务栏、鼠标光标、边栏与语言栏等部分，如图 1-36 所示。下面分别进行介绍。

**指点迷津**

Windows Vista 欢迎中心非常重要，用户可以在此窗口进行系统设置。取消选中窗口下方的"启动时运行"复选框，则开机时将不启动该欢迎窗口。

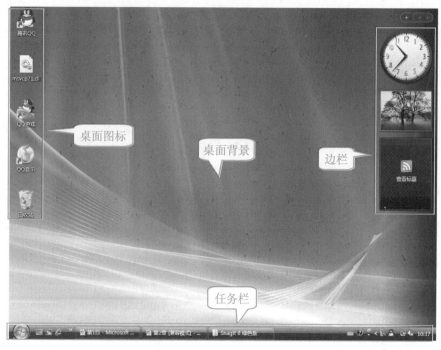

图 1-36　Windows Vista 桌面

❖ 桌面背景：即桌面图片。用户可以根据自己的喜好对桌面背景进行更换。

❖ 桌面图标：从外观上看由图标和图标名称组成，它是 Windows Vista 操作系统中的各种程序和软件、网页、文件及文件夹的快速启动方式。双击某个桌面图标，即可打开相应的程序或文件窗口。

❖ 边栏：是 Windows Vista 桌面中的一大亮点，默认情况下位于桌面的右侧，其中默认包含了"时钟"、"幻灯片放映"和"源标题"3 个小工具。用户可以根据需要对边栏进行调整，还可在其中添加或删除小工具。

❖ 任务栏：在默认情况下，桌面最下方的长条形区域称为任务栏，由"开始"按钮、快速启动区、任务按钮区与通知区域等部分组成，它是 Windows Vista 桌面的重要组成部分，在其中可以快速启动应用程序、查看当前输入法及当前系统运行的程序。用户还可以对任务栏进行调整大小、位置以及设置属性等操作。

❖ 语言栏：使用电脑自然离不开输入法，语言栏位于任务栏的右侧，用于语言的切换等操作，如图 1-37 所示。使用语言栏可以方便用户使用自己喜欢的输入法，单击最左侧的按钮，就可以在弹出的输入法列表框中选择一种输入法，如图 1-38 所示。

图 1-37　在任务栏中显示的语言栏

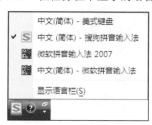

图 1-38　输入法选择列表框

## 1.4.4　获得 Windows Vista 的使用帮助

Vista 也自带有帮助和支持功能，使用该功能可以从零开始学习电脑，也可以搜索自己需要的技巧。下面分别介绍这些使用方法。

使用帮助功能查询信息很简单，只需单击"开始"按钮，再选择"帮助和支持"命令，即可出现"Windows 帮助和支持"界面，在搜索栏中输入要搜索的信息关键字（如"安全中心"），单击右侧的 按钮，如图 1-39 所示，即可在出现的界面中显示与之相关的搜索结果，如图 1-40 所示。

图 1-39　输入关键字

图 1-40　显示的搜索结果

使用 Windows Vista 帮助功能还可以学习电脑的基础知识。下面将讲解具体的操作方法。

（1）单击"开始"按钮，再选择"帮助和支持"命令，如图 1-41 所示。

图 1-41　选择"帮助和支持"命令

（2）打开"Windows 帮助和支持"界面，在其中列出了多个知识模块，这里单击"Windows 基本常识"按钮，如图 1-42 所示。

（3）显示"Windows 基本常识：所有主题"

界面，其中列出了 Vista 系统提供的所有电脑知识，这里单击"计算机简介"超链接，如图 1-43 所示。

图 1-42　单击"Windows 基本常识"按钮

（4）系统即给出了有关电脑的简述，如图 1-44 所示。

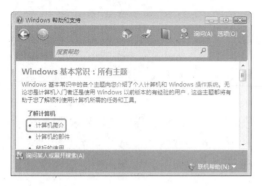

图 1-43　单击"计算机简介"超链接

图 1-44　系统提供的电脑知识

## 1.4.5　退出 Windows Vista

单击"开始"按钮，将光标移至"锁定"按钮右侧，即可看到右侧的菜单中列出了"切换用户"、"注销"、"锁定"、"重新启动"、"睡眠"、"休眠"和"关机"命令。下面重点介绍 Vista 的睡眠、锁定、休眠和关机功能。

### 1. Vista 的睡眠状态

当用户暂时离开电脑，但又想保留现在的桌面工作状态时，可以选择"睡眠"命令，如图 1-45 所示。它将保存您正在进行的工作，并让电脑处于低能耗状态。当需要再次使用电脑时，只需轻按电脑开机按钮，或者按下鼠标或键盘的任意键，都可以"叫醒"电脑，重新开始工作。

图 1-45　选择"睡眠"命令

### 2. Vista 的锁定状态

当处理重要工作，中途又需要短时间离开时，为了避免离开时别人随意查看和使用自己的电脑，用户可以选择 Windows Vista 的"锁定"功能，这样如果开启电脑，是需要输入用户密码的。

### 3. Vista 的休眠状态

Vista 系统还具有"休眠"功能。与关机时一样，用户在选择"休眠"命令后，电脑也会完全处于断电状态，不过在切断电源前，它会锁定当时的工作状态并存储到硬盘中。当再次开机时，用户就能够快速进入工作状态。

### 4. Vista 的关闭

使用完电脑后，就可以退出 Windows Vista 并关闭电脑了，方法很简单，就是选择"关机"命令，此时系统就开始自动关闭电脑。如果当前还有正在运行的程序，系统会提示是否将改动保存。

在电脑正常运行的情况下，可以通过"开始"菜单的关闭注销区来退出 Windows Vista。具体操作步骤如下：

（1）单击 Windows Vista 桌面左下角的"开始"按钮，弹出"开始"菜单。

（2）将鼠标光标移动到关闭注销区右侧的按钮上，在弹出的菜单中选择"关机"命令，如图 1-46 所示。

（3）系统显示正在关机的界面，如图 1-47 所示，系统自动保存设置和文件后退出 Windows Vista，然后手动关闭显示器和外设电源。

图 1-46 选择"关机"命令

图 1-47 正在关机的界面

# 1.5 常见的输入法

本节内容学习时间为 15:30～16:50（视频：第 1 日\常见的输入法）

在使用电脑时，打字是一项最基本的技能，向电脑输入指令、上网聊天和编辑文档等都离不开打字。Windows Vista 操作系统提供了多种输入法，默认为英文输入法，如果想输入中文，必须选择一种中文输入法。

## 1.5.1 选择输入法

要输入汉字，首先需要选择一种合适的输入法。选择输入法的具体操作步骤如下：

（1）单击语言栏中的输入法图标，弹出输入法列表框。

（2）在输入法列表框中选择需要的输入法，如选择"微软拼音输入法 2007"，在桌面上就会显示 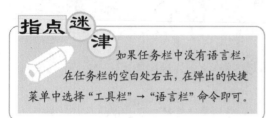 图标，如图 1-48 所示。

**指点迷津** 如果任务栏中没有语言栏，在任务栏的空白处右击，在弹出的快捷菜单中选择"工具栏"→"语言栏"命令即可。

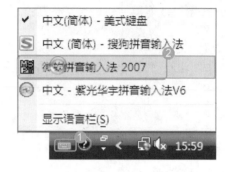

图 1-48 选择输入法

## 1.5.2 添加输入法

有些输入法经常使用，但没有出现在输入法列表框中，这时可以将其添加到输入法列表框中。具体操作步骤如下：

（1）在语言栏中的 图标上右击，在弹出的快捷菜单中选择"设置"命令，如图 1-49 所示。

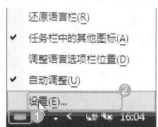

图 1-49 选择"设置"命令

（2）打开"文本服务和输入语言"对话框，单击 添加(D)... 按钮，如图 1-50 所示。

图 1-50 "文本服务和输入语言"对话框

（3）打开"添加输入语言"对话框，在"使用下面的复选框选择要添加的语言。"列表框中选择"中文（中国）"选项，在展开的选项中选择要添加的输入法选项，如选中"简体中文全拼（版本 6.0）"复选框，然后单击 确定 按钮，如图 1-51 所示。

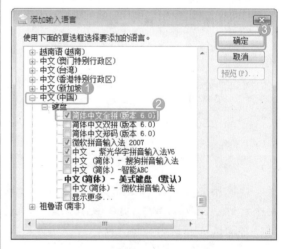

图 1-51 "添加输入语言"对话框

（4）返回"文本服务和输入语言"对话框，在其中的"已安装的服务"列表框中即可看到添加的输入法，单击 确定 按钮即可完成该输入法的添加，如图 1-52 所示。

**重点提示**

有的输入法在 Windows Vista 操作系统中没有，要想使用这些输入法，就需要先进行安装，其方法是：找到输入法的安装文件，双击其中的安装程序，通常是文件名称为 Setup.exe 的文件，然后再根据提示进行操作即可完成安装。系统一般默认"中文（简体）－美式键盘"为当前输入法。

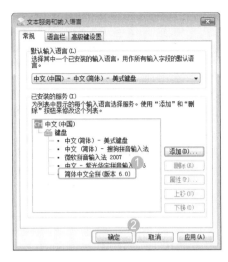

图 1-52　添加的输入法

### 1.5.3　删除输入法

有些输入法不太常用，或者根本就不使用，这时就可以将其删除。删除输入法的具体操作步骤如下：

（1）在语言栏中的 图标上右击，在弹出的快捷菜单中选择"设置"命令，打开"文字服务和输入语言"对话框。

（2）在"已安装的服务"列表框中选择需要删除的输入法，例如选择"简体中文全拼（版本 6.0）"选项，如图 1-53 所示，然后单击 删除(R) 按钮，即可在列表框中删除该输入语言。

**指点迷津**

在图 1-53 中单击"上移"按钮，可以调整所选输入法在列表中的位置，位于最上面的输入法为默认输入法。

（3）单击 确定 按钮，关闭"文字服务和输入语言"对话框。

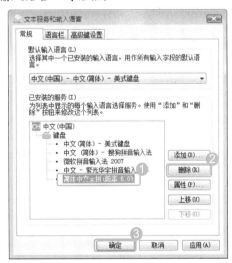

图 1-53　删除输入法

### 1.5.4　紫光华宇拼音输入法

紫光华宇拼音输入法具有输入速度快、无须记忆和强大的智能组词等功能，第一次用全拼输入的方式输入一个词语或一小段文字，第二次便只需用简拼输入方式即可快速输入相同的汉字。安装紫光华宇拼音输入法后，单击语言栏上的图标 ，在弹出的输入法列表框中选择"中文 – 紫光华宇拼音输入法 V6"选项，即可切换到该输入法状态，其状态条为。

在紫光华宇拼音输入法的状态栏上右击，在弹出的快捷菜单中选择"设置"命令，将打开"紫光华宇拼音输入法 – 设置"对话框，在其中可以对该输入法做具体的设置，如图 1-54 所示。

在图 1-54 所示的对话框中可以设置模糊音、选字框外观以及候选字词数量等。

图 1-54　"紫光华宇拼音输入法-设置"对话框

## 1.5.5　搜狗拼音输入法

搜狗拼音输入法具有丰富的超强因特网词库，兼容各种输入习惯，具备许多高级功能，操作简单，其状态条为。

下面结合实例介绍搜狗拼音输入法的使用方法，具体操作步骤如下：

（1）打开"记事本"程序，单击语言栏上的图标，在弹出的输入法列表框中选择"中文（简体）搜狗拼音输入法"选项，此时将出现相应的状态条。

（2）右击状态条中的功能菜单按钮，在弹出的快捷菜单中选择"搜狗酷字"→"标准模式"命令，如图 1-55 所示。

（3）弹出输入文字的对话框。在输入提示框中输入"绿色心情"；在"每行个数"数值框中可以设置每行的字数；在"中文字体"文本框中可以设置输入文字的字体，然后单击 上屏(Shift+Enter) 按钮，如图 1-56 所示。

图 1-55　选择"标准模式"命令

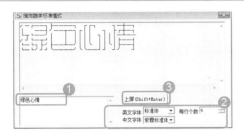

**指点迷津** 在使用搜狗拼音输入法时，如果将 ang、eng、ing、ong 的 ng 误输为 gn，无须更改，系统会自动识别。

图 1-56　输入文字

模式文字的输入。

图 1-57　在"记事本"中输入的文字

**重点提示** 紫光华宇拼音输入法、搜狗拼音输入法以及五笔输入法都不是操作系统自带的输入法，在使用前需要在网上下载相应的安装程序文件或购买安装光盘，安装完毕后，将其添加到语言栏中即可使用。

（4）即可在打开的"记事本"中显示输入的文字，如图 1-57 所示，完成搜狗拼音输入法标准

# 1.6　本日小结

 本节内容学习时间为 19:00～19:10

今天主要学习了电脑的一些基础知识，包括认识电脑的应用领域、电脑的组成、鼠标和键盘的使用，并认识了 Windows Vista 操作系统以及常见的几种输入法等。

通过今天的学习，可以使读者对电脑的软件和硬件有一个基本的认识，同时学会使用鼠标和键盘，并养成正确的开、关机习惯。另外，学习了输入法，就可以坚持在电脑上写"心情日记"了。

# 1.7　新手练兵

 本节内容学习时间为 19:20～20:20

## 1.7.1　使用 U 盘存储文件

U 盘是移动存储设备之一，也叫优盘，它具有体积小、使用方便、价格便宜等特点，其外

观如图 1-58 所示。U 盘接口一般为 USB 接口，如果用户使用的操作系统是 Windows 2000/XP/2003/Vista，则无须安装驱动程序，只要将 U 盘直接插在机箱的 USB 接口上即可使用。

图 1-58　U 盘

使用 U 盘存储文件的正确操作步骤如下：

（1）将 U 盘插入机箱的 USB 接口处，如果插入正确，在任务栏中会显示一个"安全删除硬件"图标 ，同时在"计算机"窗口也将显示相应的图标，如图 1-59 所示。

图 1-59　显示 U 盘图标

（2）找到需要保存在 U 盘上的文件，按 Ctrl+C 组合键复制该文件，如图 1-60 所示。

图 1-60　复制文件

（3）返回"我的电脑"窗口，双击 U 盘图标，打开 U 盘窗口，然后按 Ctrl+V 组合键将复制的文件粘贴到 U 盘中，如图 1-61 所示。

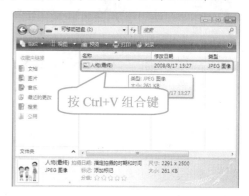

图 1-61　保存文件到 U 盘中

（4）保存完毕后，关闭 U 盘窗口，单击任务栏中的"安全删除硬件"图标 ，再单击弹出的"安全删除 USB 大容量存储设备-驱动器"条，如图 1-62 所示。

图 1-62　安全删除硬件

（5）打开"安全地移除硬件"对话框，单击 确定 按钮，如图 1-63 所示，然后将 U 盘从主机箱上拔掉即可。

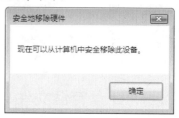

图 1-63　"安全地移除硬件"对话框

## 1.7.2 写一篇日记

学习了输入法之后，就可以在"记事本"中写日记了。下面用所学的输入法知识写一篇日记，具体操作步骤如下。

### 1. 用微软拼音输入法输入标题

使用微软拼音输入法将日记标题输入到"记事本"中，具体操作步骤如下：

（1）单击 Windows Vista 桌面左下角的"开始"按钮，弹出"开始"菜单，选择"所有程序"→"附件"→"记事本"命令，打开"记事本"。

（2）选择"微软拼音输入法 2007"输入法，使用混拼方式，在"记事本"光标处输入"kuail"，如图 1-64 所示。

图 1-64　输入拼音

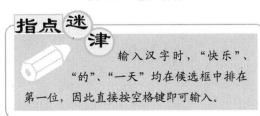

　　　　　输入汉字时，"快乐"、"的"、"一天"均在候选框中排在第一位，因此直接按空格键即可输入。

（3）按空格键，输入文字，再次按空格键确认文字输入，如图 1-65 所示。

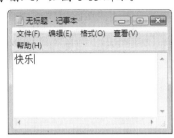

图 1-65　混拼方式输入文字

（4）输入汉语拼音"de"，按空格键即可；输入汉语拼音"yitian"，按空格键输入文字，再次按空格键确认输入，如图 1-66 所示。

图 1-66　输入日记标题

### 2. 用紫光华宇拼音输入法输入正文

下面使用紫光华宇拼音输入法将日记正文输入到"记事本"中，具体操作步骤如下：

（1）按 Shift+Ctrl 组合键切换到紫光华宇输入法，在"天"字后按 Enter 键，将文本换行。

（2）输入汉语拼音"jintian"，按空格键输入汉字，如图 1-67 所示，然后用右手中指按","键，输入逗号。

（3）用同样的方法输入其他内容，如图 1-68 所示。

图 1-67　输入拼音

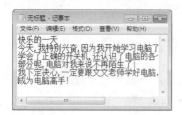

图 1-68　输入正文内容

（4）输入完成后，选择"格式"→"字体"命令，如图 1-69 所示。

图 1-69　选择"字体"命令

（5）打开"字体"对话框，设置字体为"隶书"，字体大小为 10，单击 确定 按钮，如图 1-70 所示。

（6）文字效果如图 1-71 所示。

（7）在标题文本前按空格键数次，将标题居中，然后在首行文本前按空格键两次，可使首

行文本缩进两个字符，如图 1-72 所示。

图 1-70　"字体"对话框

图 1-71　文字效果

图 1-72　设置文本缩进

# 第2日

# Windows Vista 操作系统全接触

今日学习内容综述

上午：1. Windows Vista 的新特性

2. 改变 Windows Vista 桌面主题

3. Windows Vista 下的菜单、窗口与对话框

下午：4. Windows Vista 的文件管理

5. Windows Vista 自带的附件工具

越越老师：超超，你接触过 Windows Vista 操作系统吗？

超超：我经常听同学们提起，可是我还没有真正接触过呢！

越越老师：Windows Vista 是一个功能强大的操作系统，今天我将教你如何使用 Windows Vista！

超超：太好了，那我们现在就开始吧！

# 2.1 Windows Vista 的新特性

 本节内容学习时间为 8:00～8:50

Windows Vista 系统具有许多新颖的特性，如相当"苛刻"的用户账户控制、严谨的反间谍技术和美观实用的边栏显示等。下面将分别介绍这些全新的性能。

## 2.1.1 用户账户控制

UAC 的全称是 User Account Control（用户账户控制），是 Windows Vista 提供的一个安全特性，它会在用户使用计算机进行更改系统设置或者安装软件等会影响到系统安全性和稳定性的操作时弹出一个对话框，提示要进行的操作。

如果病毒或者恶意的软件代码要在系统中进行安装破坏时，UAC 只会调用普通用户的权限进行安装，因为普通用户的权限是不能安装软件的，这样系统就会进行权限的提升，弹出对话框告诉用户是否要安装软件或者进行设置的更改，并且系统的后台会关闭，用户只能选择同意或者拒绝，就是说病毒此时不会绕过用户的许可破坏其他的应用。

## 2.1.2 Windows 反间谍技术

在 Windows Vista 中，Microsoft 使用了最新的反间谍软件 Windows Defender 取代了 Windows Antispyware（Beta）。其优点是只需要用户进行很少的人工干预，Windows Defender 就可以轻松工作在最佳状态，并且它并不像其他同类软件那样会在任务栏通知区域中添加一个图标，但是一旦发现 Windows 系统遭到间谍软件的危害，它就会立即"现身"，帮助用户解决问题。用户也可以单击"开始"按钮，然后选择"所有程序"→Windows Defender 命令启动 Windows Defender，其对应的桌面图标为 。

> **指点迷津**
>
> Windows Defender 的前身是 Giant 公司的 Giant Antispyware。2004 年 12 月微软收购了 Giant 公司，并将 Giant Antispyware 更名为 Microsoft Antisyware（Beta 1）。在 2006 年 2 月 16 日，又将其正式更名为 Windows Defender（Beta 2）。

## 2.1.3 Windows 边栏显示

微软在 Windows Vista 系统中引入了"Windows 边栏（Sidebar）"这个功能，"Windows

边栏"是 Windows Vista 桌面右侧的一个窗格,用于组织小工具,如图 2-1 所示。用户可以很方便地自定义 Windows 边栏,加入各种喜欢的小插件,以满足用户与其进行交互的需要。

在后续的 Vista 桌面介绍中将详细地介绍 Windows 边栏。

> Windows Vista 安装完成后,Sidebar 默认启用,其位置在桌面的右侧。

图 2-1　Windows 边栏

**指点迷津**

开启了边栏显示后,电脑最下方的任务栏将显示有对应的程序图标，如果不太喜欢边栏,可以在该图标上右击,然后在弹出的快捷菜单中选择"退出"命令,Windows 边栏会在桌面上消失。

## 2.1.4　切换时的 3D 效果

使用 Windows Flip 3D 可以快速预览所有打开的窗口(如打开的文件、文件夹和文档)而无须单击任务栏。Flip 3D 将在一个堆栈中显示打开的窗口,因此在堆栈顶部将看到一个打开的窗口。若要查看其他窗口,可以浏览堆栈,如图 2-2 所示即为 Flip 3D 的一个堆栈。

Windows Flip 3D 可以将所有打开的窗口都倾斜显示为三维堆叠视图形式,如图 2-3 所示。

图 2-2　Flip 3D 中的堆栈

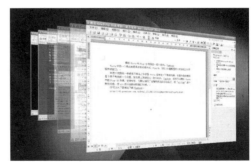

图 2-3　三维堆叠视图形式

安装 Windows Vista 后,在快速启动栏中都会出现"在窗口间切换"按钮，单击该按钮即可开启 Flip 3D 效果,如图 2-4 所示。

Windows Flip 会生成即时的窗口缩略图，让用户更容易找到需要的窗口。

"在窗口间切换"按钮

图 2-4　快速启动栏中的"在窗口间切换"按钮

**重点提示**　也可以通过按 Ctrl+ Windows 徽标键■+Tab 组合键打开 Flip 3D 效果，然后按 Tab 键循环切换窗口（还可以使用方向键→或↓向后循环切换一个窗口，或者使用←或↑向前循环切换一个窗口）。按 Esc 键即可关闭 Flip 3D 效果。

## 2.1.5　窗口的毛玻璃效果

Windows Vista 的毛玻璃透明效果是 Windows Aero，也就是俗称的玻璃效果。它采用透明玻璃式设计，并有精美的窗口动画和新的窗口颜色。

Windows Vista Aero 包含的不仅是桌面主题，还有与用户交互的对话框、服务和程序等。具有玻璃效果的 Vista 界面与 Vista 窗口分别如图 2-5 和图 2-6 所示。

图 2-5　具有玻璃效果的 Vista 界面

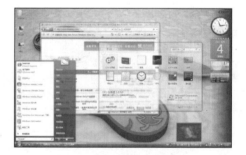

图 2-6　具有玻璃效果的 Vista 窗口

**指点迷津**　Aero 是 Authentic（可靠）、Energetic（活力）、Reflective（反映）、Open&Approachable（开放和简易）4 个单词的缩写，这实际上是 Vista 的一个开发代号，表示在 Vista 中它是作为一个独立的部分来开发的用户界面。

### 1. 可以支持 Aero 的 Windows Vista 版本

能运行 Aero 的 Windows Vista 版本包括 Windows Vista Business、Windows Vista

Enterprise、Windows Vista Home Premium 和 Windows Vista Ultimate。Windows Vista Home Basic 普通家庭版本不能运行 Aero。

另外，对于不同的系统配置，Aero 界面也有不同的等级。计算机的显存和系统内存越大，用户的体验就越丰富。

### 2. 硬件要求

Aero 会消耗比传统经典界面大的系统资源，对显卡的要求也较高。假如 Vista 系统检测到电脑的硬件配置不能满足要求，或者系统速度无法应付，就会自动关闭该功能，因此微软方面亦为 Aero 界面设立了最低的硬件要求。

❖ 电脑必须装备上支持 DirectX 9 的 3D 视频卡。

❖ 具有 Longhorn Display Driver Model（LDDM）驱动。

❖ 足够的内存空间，一般情况应保证有 2GB 内存。

如果想充分享受 Windows Vista 带来的好处，一定要购买能够运行 Aero 的电脑。

## 2.1.6  Windows 无处不在的搜索功能

Windows Vista 拥有无处不在的搜索栏，如"开始"菜单搜索、控制面板搜索、文件夹内搜索、邮件搜索、网页搜索、音乐搜索和照片搜索等，为查询和搜索信息提供了很大的便利。只要明确了当前要搜索的信息全称或者关键字，在搜索栏中输入关键字后，单击 🔎 按钮，即可执行此次搜索。

如图 2-7~图 2-10 所示即为电脑中常见的各种搜索。

图 2-7  "开始"菜单中的搜索栏

图 2-8  控制面板中的搜索栏

**重点提示**　如果记不全要搜索的文件名，可以使用通配符进行模糊搜索，比较常用的搜索通配符是*和？。一般情况下，*可以代替一个或者多个字符，？只能代替一个字符。

图 2-9　文件夹中的搜索栏　　　　　　　图 2-10　Media Player 播放界面中的搜索栏

## 2.1.7　家长控制功能

在 Windows Vista 操作系统中添加了家长控制功能，使用该功能家长可以限定孩子上网的时间、网站内容和游戏时间等，还可以屏蔽某些特定程序，主要包括以下几个方面：

* ❖ 对特定网页的限制。
* ❖ 对特定游戏的限制。
* ❖ 允许或者阻止特定程序的下载。
* ❖ 对孩子登录到电脑的时间长短进行限制。

在后面的学习中将详细介绍家长控制的具体设置。

# 2.2　改变 Windows Vista 桌面主题

 本节内容学习时间为 9:20～10:30（视频：第 2 日\改变 Vista 桌面主题）

Windows Vista 的桌面主题并不是一成不变的，用户可以对桌面外观进行设置，如添加图标、排列桌面图标、设置桌面背景及设置屏幕保护等。

## 2.2.1　添加桌面图标

桌面上显示有各种常见的程序，可以根据实际需要在电脑桌面上添加图标。下面以为"Windows 日历"添加桌面图标为例进行介绍，具体操作步骤如下：

（1）单击"开始"按钮，显示"开始"菜单，选择"所有程序"命令，再将鼠标光标移动到菜单中的"Windows 日历"上。

（2）确认鼠标光标指向"Windows 日历"后，在该选项上右击，然后在弹出的快捷菜单中选择"发送到"→"桌面快捷方式"命令，整个操作过程如图 2-11 所示。

图 2-11　将 Windows 日历发送到桌面快捷方式

（3）即可看到在桌面新增的"Windows 日历"图标，如图 2-12 所示。

图 2-12　新增的桌面图标

## 2.2.2　更改桌面图标

桌面上显示有各种常见的程序，用户也可以根据实际需要在电脑桌面上更改图标。下面以更改桌面上的"网络"图标为例进行介绍，具体操作步骤如下：

（1）在桌面的空白处单击鼠标右键，然后在弹出的快捷菜单中选择"个性化"命令，如图 2-13 所示。

图 2-13　选择"个性化"命令

（2）弹出"个性化"窗口，单击"更改桌面图标"超链接，如图 2-14 所示。

图 2-14　单击"更改桌面图标"超链接

（3）弹出"桌面图标设置"对话框，选中要修改的"网络"图标，单击"更改图标"按钮，如图 2-15 所示。

（4）弹出"更改图标"对话框，选择另一种网络图标，单击"确定"按钮，如图 2-16 所示。

（5）返回"桌面图标设置"对话框，此时单击对话框中的"确定"按钮返回桌面，即可看到

自定义后的"网络"图标效果，如图 2-17 所示。

图 2-15　单击"更改图标"按钮

图 2-16　"更改图标"对话框

图 2-17　应用自定义图标

### 2.2.3　设置图标的显示方式

在 Windows Vista 中，用户也可以设置桌面图标的显示方式。具体操作步骤如下：

（1）在桌面空白处单击鼠标右键，在弹出的快捷菜单中选择"查看"命令，在弹出的子菜单中即可设置桌面图标的显示方式，这里选择"大图标"命令，如图 2-18 所示。

（2）返回桌面，即可看到桌面图标以大图标方式进行了显示，如图 2-19 所示。

图 2-18　选择"大图标"命令

图 2-19　以大图标方式显示的桌面图标效果

### 2.2.4　排列桌面图标

如果桌面上有多个图标时，可以将图标按名称、大小、类型或修改时间等多种方式进行排列。具体操作步骤如下：

（1）在 Windows Vista 桌面的空白处单击鼠标右键，在弹出的快捷菜单中选择"排序方式"命令，在弹出的子菜单中选择一种排列方式，如选择"类型"命令，如图 2-20 所示。

（2）返回系统桌面，即可看到桌面图标按照"类型"方式排列后的效果，如图 2-21 所示。

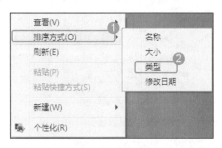

图 2-20　选择排序方式

图 2-21　按照"类型"方式排列后的效果

### 2.2.5　设置桌面背景

Windows Vista 的桌面背景可以是图片，也可以是照片，用户可以按照喜好随时进行更改。

对桌面背景进行设置的具体操作步骤如下：

（1）在桌面上单击鼠标右键，在弹出的快捷菜单中选择"个性化"命令，如图 2-22 所示。

图 2-22 选择"个性化"命令

（2）打开"个性化"窗口，单击"桌面背景"超链接，如图 2-23 所示。

图 2-23 "个性化"窗口

（3）在打开窗口的图片列表框中选择一种合适的图片作为图片背景，在"应该如何定位图

片"栏中选中"适应屏幕"单选按钮，单击 确定(O) 按钮应用设置，如图 2-24 所示。

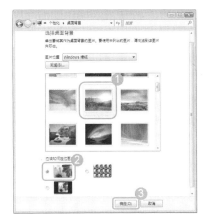

图 2-24 选择桌面背景图片

（4）返回桌面，查看更改桌面背景后的效果，如图 2-25 所示。

图 2-25 更改桌面背景后的效果

**重点提示** 　　用户也可以单击 浏览(B)... 按钮，在弹出的对话框中选择保存在电脑中的照片或者其他图片作为桌面背景。

# 2.3　Windows Vista 下的菜单、窗口与对话框

本节内容学习时间为 11:00～11:50（视频：第 2 日\Windows Vista 的菜单和窗口）

在 Vista 中使用最多的就是窗口，此外还有菜单和对话框，这些都是基本操作中常见的对

象。下面将分别进行介绍。

## 2.3.1 菜单

在使用电脑时，经常会使用菜单，那么什么是菜单呢？

菜单是一个列表，选择列表中的一个命令，即可实现相应的功能。可以将菜单大致分为两类，即一般菜单和"开始"菜单，而且一般菜单还可以再进行细分，如图 2-26 所示。

另外，菜单也会有子菜单，还有的菜单不只有一级子菜单，而有多级子菜单，如图 2-27 所示即为"计算机"对话框中的"组织"菜单以及其对应的子菜单。

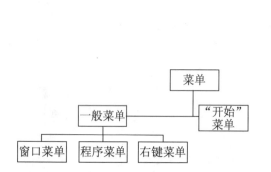

图 2-26 菜单的大致分类

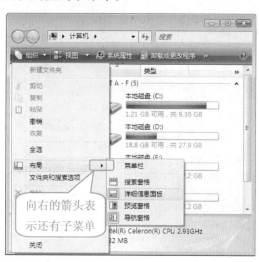

图 2-27 子菜单的示例

对于图 2-27 中的分类，如图 2-28 所示为窗口菜单，如图 2-29 所示为右键菜单。

图 2-28 窗口菜单

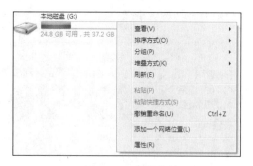

图 2-29 右键菜单

## 2.3.2 窗口

对于 Windows Vista 的窗口，相信用户并不陌生，它是用户用于操作程序的交互式平台。双击某个程序或文件夹的图标即可打开窗口，本节将了解窗口的有关知识。

### 1. 窗口的组成

窗口一般分为文件夹窗口和应用程序窗口两种，它们的组成结构都比较相似。一个普通窗口通常由控制栏、地址栏、搜索栏、工具栏、任务窗格、窗口工作区和状态栏等部分组成。如图 2-30 所示即为"计算机"窗口。

图 2-30 "计算机"窗口

❖ 控制栏：位于窗口顶部，因其右侧有控制窗口大小和关闭窗口的按钮而得名。

❖ 地址栏：相当于电话簿，记载了常用的地址，一般情况下显示了当前窗口的名称。在地址栏中单击 ▼ 按钮，在弹出的下拉列表框中选择地址，可快速转换至相应的地址。

❖ 工具栏：列出了常用的命令，并将这些命令以菜单和按钮的方式表示。在菜单下有若干菜单命令，选择某个菜单命令或单击这些按钮都可执行相应的操作。

❖ 任务窗格：其中包括"收藏夹链接"栏与"文件夹"栏。在"收藏夹链接"栏中包含了"最近的更改"、"文档"、"图片"及"音乐"等超链接。单击"文件夹"栏右侧的 ∧ 按钮，将展开该栏，在其中以树型目录方式显示了电脑中的资源。

### 2. 最大化、最小化和还原窗口

最大化是为了便于查看和编辑，将窗口进行满屏显示，单击窗口标题栏右侧的 □ 按钮可以将窗口最大化显示。

最小化就是将窗口以标题按钮的形式缩放到任务按钮区上，不在桌面上显示，单击 — 按钮可以最小化窗口。

还原窗口就是在窗口最大化显示时，单击 ▣ 按钮取消窗口的最大化状态。

**指点迷津** 此外，用户还可以手动调整窗口的大小。方法是：将鼠标光标移动到窗口的边缘或边角，当其变为↔、↕、↖或↗形状时按住鼠标进行拖动，至适当位置后释放，即可将窗口在左右、上下、对角线方向进行调整。

使用完毕，如果需要关闭窗口，可以直接单击窗口右上角的 █X█ 按钮将窗口关闭。

### 3. 窗口的移动

如果当前窗口在桌面上的位置影响其他操作，还可以将窗口移动到其他位置。方法是：将鼠标放置到窗口的最上方，按住鼠标左键不放，然后将窗口移动到需要的位置即可，如图 2-31 所示。

图 2-31　将光标放置到窗口的最上方

### 4. 窗口的排列

有时需要在桌面上同时打开多个窗口，此时适当地排列窗口非常有利于更好地查阅窗口的文件。常见的窗口排列方式有"层叠窗口"、"横向排列"和"纵向排列"，这些功能的操作方法如下：

（1）将光标移动到任务栏中的空白处，单击鼠标右键，弹出如图 2-32 所示的快捷菜单。

图 2-32　可以用来调整窗口排列方式的快捷菜单

（2）选择"层叠窗口"命令，即可得到对应的效果，如图 2-33 所示。

（3）如果选择如图 2-32 所示菜单中的"堆叠显示窗口"命令，即可显示如图 2-34 所示的效果。

（4）如果选择如图 2-32 所示菜单中的"并排显示窗口"命令，即可显示如图 2-35 所示的效果。

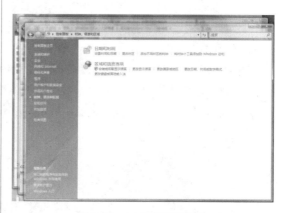

图 2-33　层叠窗口的效果

图 2-34 堆叠显示窗口的效果

图 2-35 并排显示窗口的效果

## 2.3.3 对话框的组成

在 Vista 中会经常遇到对话框，它是用户与电脑之间的"对话"场合。如图 2-36 所示是一个"系统属性"对话框。

大多数的对话框都包括选项卡、文本框、复选框、单选按钮、下拉按钮和命令按钮等，如图 2-37 所示的对话框中即包括其中一些组件。

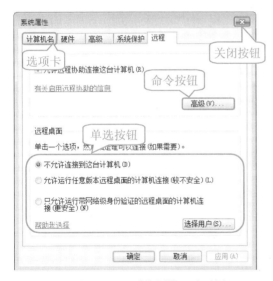

图 2-36 "系统属性"对话框

图 2-37 "屏幕保护程序设置"对话框中的组件

**指点迷津** 有关对话框中各组件的作用以及对话框的具体设置会在后面的学习中以实际操作的方式进行讲解。

# 2.4　Windows Vista 的文件管理

本节内容学习时间为 14:00～15:00（视频：第 2 日\Windows Vista 的文件管理）

文件和文件夹是电脑中比较重要的概念之一。文件是电脑中数据的存在形式，其种类很多，可以是文字、图片、声音、视频或应用程序等；文件夹是电脑保存和管理文件的一种方式，通俗地讲，文件夹就是一个容器，在文件夹中可以存放所有类型的文件、下一级文件夹以及程序的快捷方式等内容。

> **指点迷津**
>
> 文件名称由文件名和扩展名组成，中间用一个圆点分开。扩展名是区分文件类型的标志，一般由生成该文件的程序所决定，例如，.doc 文件表示它是由 Word 程序生成的文档。

## 2.4.1　管理中心——资源管理器

资源管理器是 Windows 系统中的"大管家"，是管理电脑资源的重要工具，它用目录树的形式显示文件夹的结构和内容，使用户可以更加快速、方便地查找并管理文件。

右击 按钮，在弹出的快捷菜单中选择"资源管理器"命令，打开"资源管理器"窗口，如图 2-38 所示。"资源管理器"窗口与"计算机"窗口类似，不同之处是增加了一个"文件夹"窗格。

选择"开始"→"所有程序"→"附件"→"Windows 资源管理器"命令，也可以打开"资源管理器"窗口。

"文件夹"窗格

图 2-38　"资源管理器"窗口

在"文件夹"窗格中显示了"文档"、"计算机"和"网络"等内容，单击任一选项就会展开下一级目录。单击某个文件夹后，右边窗格中就会显示该文件夹中的内容，如图 2-39 所示。

如果要关闭资源管理器，只需单击"文件夹"窗格右侧的 ✕ 按钮即可。

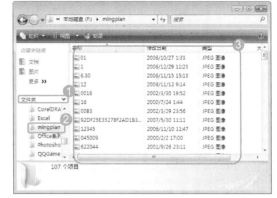

图 2-39　在"文件夹"窗格中打开文件夹

## 2.4.2　文件及文件夹的操作

### 1. 新建文件及文件夹

文件夹主要用于管理和保存文件，用户可以创建新的文件夹来存放具有相同类型或相近形式的文件。下面以在 F 盘上新建一个文件夹为例进行介绍。

（1）双击桌面上的"计算机"图标，打开"计算机"窗口，如图 2-40 所示。

图 2-40　"计算机"窗口

（2）双击 F 盘图标打开该磁盘，然后在打开的窗口中右击，在弹出的快捷菜单中选择"新建"→"文件夹"命令，如图 2-41 所示。

（3）在 F 盘即出现一个名为"新建文件夹"的文件夹，并且名字处于可编辑状态，如图 2-42

所示。

图 2-41　选择命令（一）

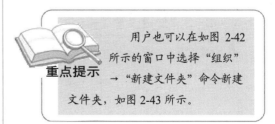

**重点提示**　用户也可以在如图 2-42 所示的窗口中选择"组织"→"新建文件夹"命令新建文件夹，如图 2-43 所示。

图 2-42　新建的文件夹

图 2-43　选择命令（二）

## 2. 选择文件及文件夹

要对文件或文件夹进行移动、复制等各种操作，首先必须选择该文件或文件夹。根据需求的不同，选择文件或文件夹的方法有很多种。下面将分别进行介绍。

（1）选择单个文件或文件夹

选择单个文件或文件夹的方法非常简单，直接单击要选择的文件或文件夹即可。被选中的文件或文件夹将以反白形式（蓝底白字）显示。在其他空白处单击，可取消文件或文件夹的选中状态。

（2）选择多个相邻的文件或文件夹

选择多个相邻的文件或文件夹有以下两种方法：

❖ 在要选择的第一个文件或文件夹附近空白处按住鼠标左键不放进行拖动，此时出现一个蓝色矩形框，继续拖动鼠标，使蓝色矩形框覆盖其他要选择的文件或文件夹，释放鼠标左键即可完成选择操作，如图 2-44 所示。

❖ 单击选中一个文件或文件夹，按住 Shift 键不放并单击另一个文件或文件夹，即可选择两个文件或文件夹之间所有连续的文件或文件夹。

（3）选择多个不相邻的文件或文件夹

如要选择多个不相邻的文件或文件夹，可按住 Ctrl 键不放，依次单击需选择的文件或文件夹即可，如图 2-45 所示。

图 2-44　选择多个相邻的文件或文件夹

图 2-45　选择多个不相邻的文件或文件夹

（4）选择所有文件或文件夹

如果要选择窗口中所有的文件或文件夹，则需要首先打开该窗口，然后选择"组织"→"全选"命令或按 Ctrl + A 组合键即可，如图 2-46 所示。

图 2-46　选择所有文件或文件夹

**重点提示**　　在打开的窗口中当只有少数文件不需要选择时，可以先选择所有的文件或文件夹，然后按 Ctrl 键依次单击不需要选择的文件或文件夹，选择完毕后释放 Ctrl 键即可。

### 3. 重命名文件及文件夹

为了更好地区分和管理文件或文件夹，通常需要对其进行不同的命名。重命名文件或文件夹的具体操作步骤如下：

（1）选择需要重命名的文件或文件夹，按 F2 键或在选择的文件或文件夹图标上单击鼠标右键，在弹出的快捷菜单中选择"重命名"命令，如图 2-47 所示。

（2）此时文件或文件夹的名称将处于可编辑状态（蓝色反白显示），用户可直接输入新的名称，然后按 Enter 键确认即可，如图 2-48 所示。

图 2-47　选择"重命名"命令　　　　　　图 2-48　重命名文件夹

**指点迷津**

也可在文件或文件夹名称处直接单击两次鼠标左键（两次单击的时间间隔应稍长一些，以免使其变为双击），使其变为可编辑状态，然后输入新的名称进行重命名操作。

### 4. 复制、移动文件及文件夹

复制、移动文件及文件夹是电脑操作过程中经常使用的操作。其中复制也可以称为"拷贝"，它是指将现有的文件或者文件夹生成一个完全相同的副本，备份后保存在电脑的其他位置；移动文件或者文件夹则是指将文件由一个位置更改到另一个位置，但是不为文件或文件夹制作副本。

复制与移动文件或文件夹的方法比较类似。下面以复制文件或文件夹为例进行介绍，具体操作步骤如下：

（1）选择要复制的文件或文件夹。

（2）选择"组织"→"复制"命令；或单击鼠标右键，在弹出的快捷菜单中选择"复制"命令；或按 Ctrl + C 组合键，如图 2-49 所示。

（3）选择需要复制到的位置，选择"编辑"→"粘贴"命令；或单击鼠标右键，在弹出的快捷菜单中选择"粘贴"命令；或按 Ctrl + V 组合键即可进行粘贴，如图 2-50 所示。

图 2-49　选择"复制"命令

图 2-50　粘贴文件夹

**重点提示**　如果需要移动文件或文件夹，只需要在右击后显示的快捷菜单中选择"剪切"命令，或直接使用 Ctrl+X 组合键，然后在要移动到的位置选择"粘贴"命令或按 Ctrl+V 组合键即可。

**5. 删除文件及文件夹**

当有些文件或文件夹不再需要时，用户可将其删除，以利于对文件或文件夹进行管理。具体操作步骤如下：

（1）选择要删除的文件或文件夹，然后选择"组织"→"删除"命令，如图 2-51 所示。

图 2-51　选择"删除"命令

（2）弹出"删除文件"对话框，单击 是(Y) 按钮即可删除该文件，如图 2-52 所示。

图 2-52　"删除文件"对话框

**重点提示**　在如图 2-51 所示的窗口中右击要删除的文件，在弹出的快捷菜单中选择"删除"命令，或按 Delete 键，也可弹出如图 2-52 所示的提示对话框，如果是误操作，可以单击 否(N) 按钮取消操作。

## 2.4.3　回收站的管理和使用

文件或文件夹被删除后，并没有真正从电脑中消失，只是被移到了回收站中。此时，双击桌面上的"回收站"图标，在打开的窗口中即可看见删除的内容。用户可以选择将回收站中的内容彻底删除或还原到原来的位置。具体操作步骤如下：

（1）双击桌面上的"回收站"图标，打开"回收站"窗口，如图 2-53 所示。

（2）单击"回收站任务"窗口中的 清空回收站 按钮，可删除回收站中的所有文件和文件夹；单击 还原所有项目 按钮，可还原所有的文件和文件夹。

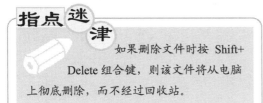　如果删除文件时按 Shift+Delete 组合键，则该文件将从电脑上彻底删除，而不经过回收站。

图 2-53　"回收站"窗口

# 2.5 Windows Vista 自带的附件工具

本节内容学习时间为 15:30～16:30（视频：第 2 日\Windows Vista 的附件工具）

Windows Vista 操作系统本身自带有一些附件工具，如记事本、写字板和计算器等，这些附件工具对于电脑初学者来说是很有用处的。下面将分别进行介绍。

## 2.5.1 写字板和记事本

"写字板"和"记事本"是 Windows Vista 自带的文本编辑程序，两者的功能和使用方法类似，主要用于创建、编辑、保存和打印简单的文档。下面以"写字板"为例介绍其使用方法。

单击 按钮，在弹出的菜单中选择"所有程序"→"附件"→"写字板"命令，即可启动"写字板"程序并打开其操作界面，如图 2-54 所示。

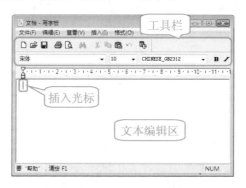

图 2-54 "写字板"工作界面

下面使用"写字板"程序编辑一篇文档，具体操作步骤如下：

（1）启动"写字板"程序，此时光标定位在文档编辑区的左上角，切换到需要的输入法后，输入文档标题，然后按 Enter 键将插入光标移至下一行的行首，如图 2-55 所示。

（2）按两次空格键后输入文档的正文内容，完成后的效果如图 2-56 所示。

（3）选中第一行文本内容，在 宋体 下拉列表框中选择字体样式为"华文新魏"，在 10 下拉列表框中设置字体大小为 14，设置后的效果如图 2-57 所示。

图 2-55 输入标题

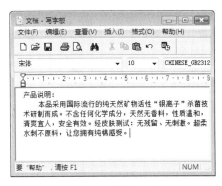

图 2-56　输入正文

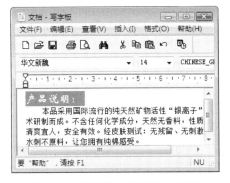

图 2-57　设置第一行的文本效果

（4）选中正文内容，使用同样的方法设置字体样式为"楷体"，字体大小为 12，效果如图 2-58 所示。

（5）文档编辑完成后，选择"文件"→"保存"命令，打开"保存为"对话框，在其中设置

好保存位置和保存名称后，单击 保存(S) 按钮，如图 2-59 所示。

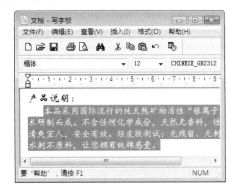

图 2-58　设置正文效果

图 2-59　"保存为"对话框

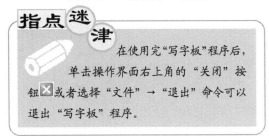

**指点迷津**　在使用完"写字板"程序后，单击操作界面右上角的"关闭"按钮 或者选择"文件"→"退出"命令可以退出"写字板"程序。

## 2.5.2　计算器

Windows Vista 附件中还带有计算器，使用它可以完成一些日常的计算工作。

在附件中的计算器有两种，即标准计算器和科学计算器。下面将分别介绍这两种计算器。

### 1. 标准型计算器

单击 按钮，在弹出的菜单中选择"所有程序"→"附件"→"计算器"命令，系统将默认打开标准型计算器窗口，如图 2-60 所示。

标准型计算器很像实际生活中的计算器，根据功能的不同，可以将窗口中的按钮分为数字按钮、运算符按钮、操作按钮和存储按钮。使用计算器时，只需单击窗口中的按钮或者从键盘中直接输入数据和运算符即可。

使用该标准型计算器，可以进行常规的加、减、乘、除和开方等运算。

图 2-60 标准型计算器窗口

### 2. 科学型计算器

在如图 2-60 所示的"计算器"窗口中选择"查看"→"科学型"命令，即可打开科学型计算器窗口，如图 2-61 所示。该窗口中主要包括菜单区、数字显示文本框、度量单位选项组和基数制选项组等。

图 2-61 科学型计算器窗口

在科学型计算器窗口中可以进行许多高级运算，例如三角函数、指数函数和幂函数等运算，也可以进行比较复杂的统计计算。另外，在运算过程中还可以进行基数进制之间的转换。例如，要把一个数由原来的十进制转换为其他进制，该数将四舍五入为整数。

# 2.6 本日小结

 本节内容学习时间为 17：30～18：00

今天涉及的内容较多，首先从 Windows Vista 的一些基础知识开始学习，包括 Windows Vista 的新特性、改变 Vista 桌面主题和 Windows Vista 下的菜单、窗口与对话框等；接下来又重点介绍了 Windows Vista 中的文件管理；最后讲解了 Windows Vista 自带的附件工具，包括写字板、记事本以及计算器等。

通过今天的学习，读者可以领悟到 Windows Vista 的强大功能，并学会如何在 Windows

Vista 中设置自己喜欢的桌面背景，并且可以很轻松地将自己的文件管理得井井有条。

📢 本节内容学习时间为 19:00～20:20

### 2.7.1　Windows Vista 系统下窗口的切换

在 Windows Vista 的操作系统中，无论打开多少个窗口，当前操作窗口只能有一个（当前窗口将处于其他窗口的前端）。只有将窗口切换成当前窗口，才能对其进行编辑。

切换窗口为当前窗口的方法介绍如下：

❖ 直接单击要切换的窗口。

❖ 按 Alt+Tab 组合键，在打开的任务切换栏中将显示所有已打开的窗口缩略图，按住 Alt 键不放，每按 Tab 键一下，活动图标则向右移动一下，然后就可以根据需要移动窗口，如图 2-62 所示。

图 2-62　窗口切换

❖ 将鼠标移至任务栏，单击任务栏上的最小化窗口。

### 2.7.2　自定义 Windows Vista 边栏

要对边栏进行相应的设置与调整，只需在其上单击鼠标右键，在弹出的快捷菜单中选择"属性"命令，打开"Windows 边栏属性"对话框，在其中可以设置系统启动时是否载入边栏，并可以调整边栏在桌面中的位置。

下面结合实例来说明，具体操作步骤如下：

（1）右击边栏，然后在弹出的快捷菜单中选择"属性"命令。

（2）弹出"Windows 边栏属性"对话框，在其中可以设置启动时是否载入边栏、将边栏设置在桌面的右边或左边等操作。这里单击 `查看正在运行的小工具的列表(G)` 按钮，如图 2-63 所示。

（3）弹出"查看小工具"对话框，在该对话框中即可显示当前正在运行的小工具的详情，如图 2-64 所示，单击 `关闭(C)` 按钮即可将该对话框关闭。

**指点迷津**

在边栏上单击鼠标右键，在弹出的快捷菜单中选择"关闭边栏"命令，即可将边栏关闭。使用这种方法关闭边栏只是临时性关闭，重新启动系统后边栏还会自动运行。

图 2-63　"Windows 边栏属性"对话框

图 2-64　"查看小工具"对话框

（4）返回"Windows 边栏属性"对话框，单击 确定 按钮结束此次操作。

# 第 **3** 日

## 常用工具任你选

今日学习内容综述

上午： 1. 认识常用工具软件

2. 电脑办公软件

3. 图片浏览工具——ACDSee

下午： 4. 音频、视频播放软件

5. 光盘刻录工具——Nero

超超：老师，我有很多问题要向您请教！

越越老师：呵呵，有什么问题快说吧。

超超：您能教我怎么下载文件、处理简单的图片、怎么播放视频文件以及怎么刻录光盘吗？

越越老师：这么多问题呀，不过很简单，只要掌握有关工具软件的使用方法就可以了，下面我
们就开始学习吧。

# 3.1　认识常用工具软件

本节内容学习时间为 8:00～9:00（视频：第 3 日\认识常用工具软件）

常用工具软件就是在使用电脑的过程中经常要使用到的完成某些操作、具有某些特定功能的软件，如文件压缩/解压缩的工具软件 WinRAR、浏览图片的工具软件 ACDSee 和音频视频播放软件千千静听等。

## 3.1.1　常用工具软件的特点和分类

与 Photoshop、AutoCAD 和 3ds max 等大型商业软件相比，工具软件具有以下特点。

❖ 功能单一：每个工具软件都是为了满足用户某类特定需求而设计的，因此功能较为单一。

❖ 占用空间小：工具软件安装文件的大小一般只有几兆字节到几十兆字节，有些小的工具软件甚至只有几千字节，因此安装后占用电脑磁盘空间较少。

❖ 使用方便：工具软件的操作界面都比较简洁和人性化，只要有一定电脑基础的用户就可

以快速掌握其操作方法。

❖ 硬件要求低：运行工具软件不需要很高的硬件配置，几乎所有的电脑都可以正常地运行大多数的常用工具软件。

❖ 容易获取：大部分工具软件都是免费的，在很多下载网站上都可以找到它们的身影，可以方便地下载使用，即便是向软件公司购买，价格也非常便宜。

## 3.1.2　下载并安装常用工具软件

要使用某个工具软件，必须先得到它的安装程序，然后安装到电脑中才能使用。下面介绍如何通过网站下载并安装常用工具软件。

### 1.　通过网站下载

很多常用工具软件都有其官方网站，通过官方网站下载是获取安装程序较快捷的方法，并且在官方网站下载也是最安全可靠的，同时能够在第一时间使用到软件的最新版本。下面以下载 QQ 为例介绍下载工具软件的方法，具体操作步骤如下：

（1）打开腾讯公司官方网站 http://www.qq.com，在打开的网页中单击"QQ 软件"超链接，如图 3-1 所示。

（2）在打开的网页（http://im.qq.com）中找到最新版本的 QQ 软件，然后单击 立即下载 按钮，如图 3-2 所示。

（3）在打开的网页中显示了软件的大小等信息，选择一个官方免费下载方式，如单击 普通下载 按钮，如图 3-3 所示。

（4）打开如图 3-4 所示的"文件下载-安全警告"对话框，单击 保存(S) 按钮，打开"另存为"对话框。

图 3-1　打开腾讯公司官方网站

图 3-2　单击"立即下载"按钮

图 3-3　选择下载方式

图 3-4　"文件下载-安全警告"对话框

（5）在弹出的"另存为"对话框中指定保存位置和文件名，然后单击 保存(S) 按钮即可开始下载文件，如图 3-5 所示。

图 3-5　"另存为"对话框

**指点迷津**　使用迅雷等下载软件下载 QQ 安装程序时，将打开"添加新的下载任务"对话框，在其中保持默认选项，单击 确定(O) 按钮即可。

（6）下载完成后，打开"下载完毕"对话框，单击 关闭 按钮即可，如图 3-6 所示。

图 3-6　"下载完毕"对话框

**智慧锦囊**　现在有许多专门的下载网站，如华军软件网 http://www.newhua.com，太平洋软件网 http://www.pconline.com.cn，这些网站将各种软件分门别类地放在网站上，所以，在下载网站上搜索并下载需要的软件是非常方便的。

## 2. 安装常用工具软件

工具软件的安装方法基本相同，先找到安装文件中的可执行文件（.exe 文件），双击将打开安装向导，然后根据提示一步一步进行安装即可。下面以安装音频、视频软件暴风影音3.6 为例介绍安装常用工具软件的方法，具体操作步骤如下：

（1）下载暴风影音 3.6 安装程序后，在"计算机"窗口找到保存位置，双击暴风影音安装程序安装可执行文件，如图 3-7 所示。

图 3-7　双击安装程序

（2）在打开的"安装暴风影音 3.6 智能高清版"对话框中直接单击 下一步(N) > 按钮，如图 3-8 所示。

图 3-8　单击"下一步"按钮

（3）在打开的"许可证协议"对话框中，如果同意协议条款，单击 我接受(I) 按钮，如图 3-9 所示。

（4）在打开的"选择安装位置"对话框中指定安装目录，如图 3-10 所示，然后单击 下一步(N) > 按钮。

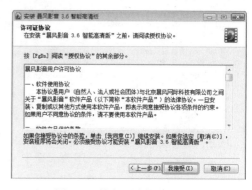

图 3-9　单击"我接受"按钮

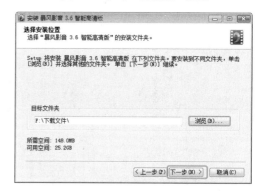

图 3-10　"选择安装位置"对话框

（5）在打开的如图 3-11 所示的"安装 Google工具栏"对话框中提示可以免费安装 Google 搜索工具栏，如果不需要安装，选中 不安装Google工具栏 单选按钮，然后单击 安装(I) 按钮。

图 3-11　选择是否安装 Google 工具栏

（6）在打开的对话框中提示是否安装暴风影音。

影音推荐的绿色软件，如果不需要安装，取消选中相应的复选框即可，然后单击 下一步(N) 按钮，如图 3-12 所示。

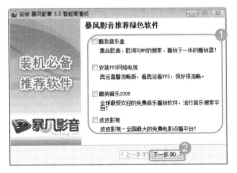

图 3-12　选择是否安装推荐软件

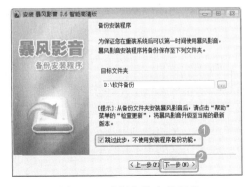

图 3-13　选择备份安装程序

（7）打开"备份安装程序"对话框，如果不需要备份，只需选中 ☑跳过此步，不使用安装程序备份功能。复选框，然后单击 下一步(N) 按钮即可，如图 3-13 所示。

（8）安装结束后将打开如图 3-14 所示的对话框，提示安装完成，选中 ☑运行 暴风影音 3.6 智能高清版(R) 复选框，然后单击 完成(F) 按钮，直接运行暴风

图 3-14　安装完成

**重点提示**　对于不再需要的工具软件可以将其卸载掉，在控制面板中单击"添加/删除程序"按钮，在打开的对话框中进行操作即可。

# 3.2　电脑办公软件

本节内容学习时间为 9:30～10:30（视频：第 3 日\文件压缩与解压缩）

随着科技的发展，越来越多的人开始使用电脑办公，电脑办公软件的使用也是常用工具软件中需要重点掌握的。

## 3.2.1　文件压缩与解压缩——WinRAR

文件的压缩与解压缩是电脑使用过程中经常要使用的操作，若文件太大或太多，在传送

和备份时通常都将文件先压缩打包，以减少传送时间；在使用时再将压缩包解压。WinRAR 是目前最流行的压缩软件之一，它功能强大而且全面，包括压缩、解压缩和加密等。

### 1. 认识 WinRAR

WinRAR 是目前最流行的压缩工具，它支持最常见的 RAR 及 ZIP 等压缩格式，它不但具有压缩和解压缩功能，还具有分卷压缩、资料恢复和资料加密等功能，WinRAR 的安装光盘可以购买，也可以从网上轻松下载安装程序安装。

在电脑中安装好 WinRAR 软件后，选择"开始"→"所有程序"→WinRAR→WinRAR 命令，或双击桌面上的 图标，即可启动 WinRAR，其工作界面如图 3-15 所示。

"添加"按钮用于创建新压缩包；"解压到"按钮用于解压缩文件，使其成为正常格式的文件。

图 3-15　WinRAR 工作界面

### 2. 文件的压缩

文件的压缩就是把多个文件或者一个大的文件压缩为一个压缩包。下面介绍使用 WinRAR 压缩文件的方法，具体操作步骤如下：

（1）下载并安装 WinRAR 后，双击桌面上的 WinRAR 程序图标 ，启动 WinRAR，在 WinRAR 界面中的地址下拉列表框中选择要压缩的文件盘符，如选择 F 盘。

（2）在下方的列表框中将显示该盘符下的所有文件和文件夹，选择要压缩的文件和文件夹，如选择"电脑综合应用"文件夹，单击工具栏中的"添加"按钮，如图 3-16 所示。

（3）打开"压缩文件名和参数"对话框，在"压缩文件名"文本框中设置压缩包的名称，在"压缩文件格式"栏中选中 RAR(R) 单选按钮，在"压缩方式"下拉列表框中选择"标准"压缩方式，如图 3-17 所示。

（4）完成设置后单击 确定 按钮，开始压缩文件，并显示压缩进度等信息，如图 3-18

所示。

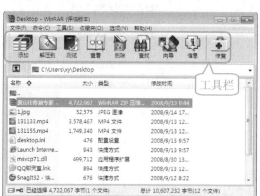

图 3-16　选中要压缩的文件夹

（5）压缩结束后将在当前目录下生成一个压缩包，如图 3-19 所示。

图 3-17　设置压缩包的参数图

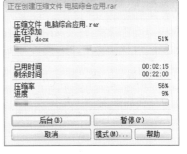

图 3-18　正在压缩文件

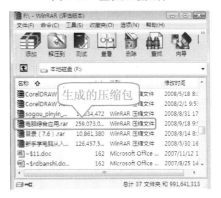

图 3-19　生成的压缩包

**指点迷津**

　　在图 3-17 中，在"压缩方式"下拉列表框中选择"最好"选项时，压缩速度最慢，选择"最快"选项时压缩效果最差，因此一般情况下选择"标准"选项即可。

**重点提示**

　　安装 WinRAR 后，在窗口中直接选中要压缩的文件，然后单击鼠标右键，在弹出的快捷菜单中选择相应的命令也可以进行压缩，如图 3-20 所示。

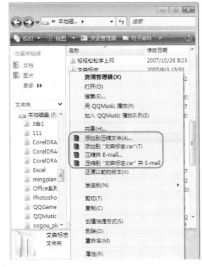

图 3-20　打开快捷菜单

选择"添加到压缩文件"命令，也将打开"压缩文件名和参数"对话框。

### 3. 文件的解压缩

文件的解压缩就是将压缩包解压，释放压缩包中的文件使其能够被使用。使用 WinRAR 解压缩文件的具体操作步骤如下：

（1）启动 WinRAR，在其操作界面的地址下拉列表框中选择压缩包所在的盘符，这里选择 F 盘，然后在列表框中选择要解压的压缩包，再单击工具栏中的"解压到"按钮，如图 3-21 所示。

图 3-22　设置解压参数

图 3-21　选择文件

（2）打开"解压路径和选项"对话框，在"目标路径"文本框中设置解压缩后文件所在的路径，这里保持默认，然后单击 确定 按钮，如图 3-22 所示。

（3）打开解压缩进度对话框，待解压缩完成后，当前目录下生成一个文件夹，双击该文件夹即可查看解压后的文件内容，如图 3-23 所示。

图 3-23　解压缩后的文件

**智慧锦囊**　　用户也可以直接右击需要解压缩的压缩包，在弹出的快捷菜单中选择所需要的解压命令来解压文件。

### 4. 加密保护压缩包

随着人们安全意识的提高，在网络共享或者传输文件时，对文件进行加密保护成了一种需要。通过 WinRAR 压缩工具可以对压缩包进行加密保护，具体操作步骤如下：

（1）在"压缩文件名和参数"对话框中选择"高级"选项卡，单击"设置密码"按钮，如图 3-24 所示。

图 3-24 "高级"选项卡

（2）在打开的"带密码压缩"对话框中输入密码，然后单击 确定 按钮即可，如图 3-25 所示。

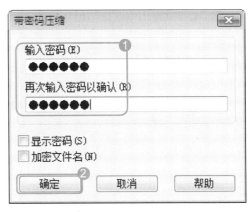

图 3-25 设置密码

## 3.2.2 文档阅读工具——超星阅览器

超星阅览器是一款常用的阅读电子图书的工具，可以从其官方网站（http://www.ssreader.com）下载获得。

启动超星阅览器时，将打开如图 3-26 所示的"用户登录"对话框，单击 注册一个新用户 超链接，可以根据提示进行会员注册，以便享有更多的服务；单击 取消 按钮将以非会员用户身份登录。

如果需要完整阅读超星图书库中的相关书籍，建议购买读书卡并注册成为会员。

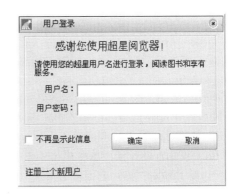

图 3-26 "用户登录"对话框

### 1. 阅读书籍

下面以在超星阅览器中阅读书籍为例进行讲解，具体操作步骤如下：

（1）双击桌面上的超星阅览器快捷图标 ，打开超星阅览器窗口，单击导航栏中的"免费阅

览室"超链接，如图 3-27 所示。

（2）在打开的页面中选择需要阅读的图书

类别，如单击"小说"超链接，如图 3-28 所示。

图 3-27　超星阅览器窗口

图 3-29　单击"科幻"超链接

图 3-28　单击"小说"超链接

图 3-30　选择阅读的图书

（3）在打开的网页中列出"小说"类别下的图书，单击"科幻"超链接，如图 3-29 所示。

（4）在打开的网页中选择需要阅读的图书，如单击"《骑士的战争 1》"超链接，如图 3-30 所示。

（5）系统自动打开"骑士的战争 1"对应的网页，选择自己电脑的联网方式，这里单击 阅览器阅读(电信) 按钮，如图 3-31 所示。

（6）系统自动弹出"正在连接服务器"对话框，连接成功后，即可阅读图书内容。

### 2.　阅读技巧

打开阅读界面时，界面上方会出现一个工具条，该工具条上有"全屏显示"和"前/后翻页"等按钮，如图 3-32 所示，灵活应用工具条上的按钮可提高阅读效率。

图 3-31　选择联网方式

图 3-32　阅读工具条

超星阅览器提供了"自动滚屏"功能，选择"图书"→"自动滚屏"命令即可使用此功能，使用此功能后阅读区正文内容就会缓慢向下滚动，便于阅读。

# 3.3 图片浏览工具——ACDSee

 本节内容学习时间为 11:00～12:00（视频：第 3 日\图片浏览工具 ACDSee）

Photoshop 是一款功能比较强大的图文图像处理软件，但是该软件太大，操作比较复杂，并且用户需要一定的专业知识。如果对图片只是查看或者是进行一些简单的编辑操作，则可以使用 ACDSee 等小型软件，其操作简捷，但同样可以得到满意的效果。

## 3.3.1 认识 ACDSee

使用 Word 自带的画图功能可能无法满足某些用户的特殊需求，ACDSee 是一款专业的图形浏览软件，它的功能非常强大，支持多种图像格式，如 JPG、BMP 和 GIF 等，通过它不但可以浏览电脑中的各种图片，还可以对图片进行编辑、管理以及优化等。

在电脑上安装 ACDSee 软件后，双击桌面上的 ACDSee 程序图标即可启动 ACDSee，其主界面如图 3-33 所示。

图 3-33 ACDSee 主界面

ACDSee 主界面中各部分的作用如下。

❖ **工具栏**：用于显示在浏览图片时常用的工具和操作按钮。

❖ **文件夹列表窗格**：用于显示电脑磁盘目录，单击"⊞"符号可以展开文件夹下的子文件夹及文件；单击"⊟"符号，可关闭文件目录。

❖ **预览窗格**：用于显示选中图片的预览效果。

❖ **整理窗格**：用于对图片进行分类别或分级别管理。

❖ **显示窗口**：用于显示左侧文件夹窗口中的所有图形文件。

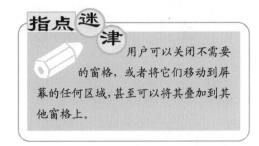

**指点迷津**

用户可以关闭不需要的窗格，或者将它们移动到屏幕的任何区域，甚至可以将其叠加到其他窗格上。

## 3.3.2 浏览图片

ACDSee 的主要功能就是浏览、查看图片，方法也比较简单。使用 ACDSee 浏览并查看图片的具体操作步骤如下：

（1）启动 ACDSee，在左侧的文件夹列表中依次展开磁盘中的文件夹，选中包含图片的文件夹，如选中"照片"文件夹，显示窗口中将显示该文件夹下所有的图片。

（2）选择要浏览的图片，在预览窗口中将显示该图片效果，在状态栏中将显示该图片的详细信息，如图 3-34 所示。

图 3-34　打开文件夹浏览图片

（3）在预览窗口或显示窗口中双击需要查看的图片，即可打开 ACDSee 的浏览窗口，如图 3-35 所示。

图 3-35　打开图片浏览窗口

（4）在工具栏中单击"上一个"按钮，可浏览上一张图片；单击"下一个"按钮可浏览下一张图片。

（5）单击"向右旋转"按钮，可将图片顺时针旋转，如图 3-36 所示。

图 3-36　旋转图片

**指点迷津**　　浏览窗口主要由查看器工具栏、编辑工具栏、查看区和状态栏 4 部分组成。用户可以在浏览窗口中以实际尺寸或多种缩放比例来显示图片，也可以按顺序查看所选文件夹中的所有图片。

（6）在浏览窗口工具栏中单击　浏览　按钮，即可退出浏览界面返回到 ACDSee 的主界面。

### 3.3.3　编辑图片

ACDSee 不仅可以用来浏览图片，还可以对图片进行编辑操作。下面介绍在 ACDSee 中编辑图片的方法，具体操作步骤如下：

（1）在 ACDSee 主界面中选择需要编辑的图片，然后单击"编辑图像"按钮，即可进入编辑模式，如图 3-37 所示。

（2）在打开的编辑面板主菜单中选择"阴影/高光"选项，如图 3-38 所示。

图 3-37　"编辑图像"按钮

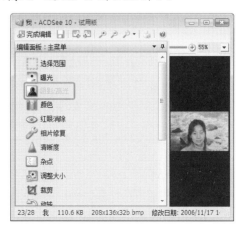

图 3-38　选择"阴影/高光"选项

（3）打开编辑"阴影/高光"面板，拖动"调亮"滑块改变图片的亮度，编辑完成后，单击 完成 按钮，如图3-39所示。

（4）在工具栏中单击"保存"按钮，打开"图像另存为"对话框，在其中设置好保存名称、

位置和类型后，单击"保存"按钮即可。

（5）在工具栏中单击"完成编辑"按钮，即可退出编辑模式，返回到浏览界面，如图3-40所示。

图 3-39　调整图片的亮度

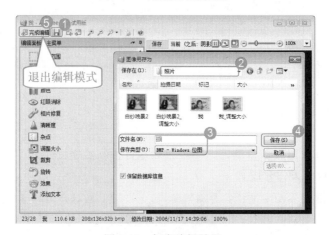

图 3-40　保存编辑效果

# 3.4　音频、视频播放软件

本节内容学习时间为 14:00～14:50（视频：第3日\音频、视频播放软件）

## 3.4.1　音频播放工具——千千静听

千千静听是目前最常用的音频播放软件，将歌曲从网上下载到电脑中后，什么时候想听

就通过千千静听播放出来欣赏。另外，该播放器还可以自动搜索与用户当前打开和播放的歌曲相对应的歌词。

### 1. 认识千千静听

千千静听播放器可以从其官方网站 http://wwwct.ttplayer.com 下载。

下载并安装千千静听后，选择"开始"→"所有程序"→"千千静听"→"千千静听"命令或双击桌面上的千千静听图标，即可启动千千静听，进入其默认主界面，如图3-41所示。

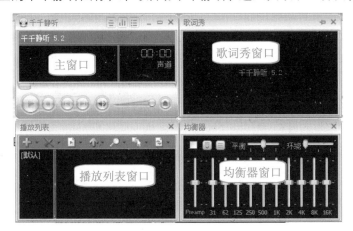

图3-41　千千静听播放器界面

千千静听界面分为以下4部分。

❖ 播放列表窗口：通过该窗口中的 按钮可以打开音乐文件，并显示在下方的列表中，同时用户可以对列表中的音乐进行删除和排序等操作。

❖ 歌词秀窗口：用于显示当前播放音乐的歌词内容。

❖ 主窗口：该窗口用于显示正在播放的歌曲名称等信息，下方提供的播放、停止、上一首、下一首和音量调节等控制按钮和DVD上的相似。

❖ 均衡器窗口：用户可以按照自己的喜好来调节均衡器。

### 2. 播放歌曲

千千静听支持多种音频和音乐格式。下面将讲解使用千千静听播放下载歌曲的方法，具体操作步骤如下：

（1）双击桌面上的千千静听快捷图标，启动千千静听播放器，在播放列表窗口中单击"添加"按钮，在弹出的下拉菜单中选择"文件夹"命令，如图3-42所示。

（2）打开"浏览文件夹"对话框，选择已下载的歌曲文件夹选项，然后单击 ✓ 确定 按钮，如图3-43所示。

（3）返回千千静听界面，所选文件夹中的

歌曲将显示在播放列表中，如图3-44所示。

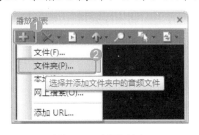

图3-42　播放列表

65

图 3-43　添加歌曲

图 3-44　歌曲列表

（4）单击主窗口下方的按钮即可开始播放音乐，如果是上网用户，可以直接从网上搜索

相关歌词，并显示在歌词秀窗口中，如图 3-45 所示。

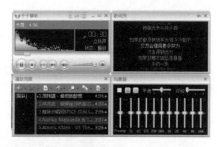

图 3-45　显示歌词

**指点迷津**　千千静听提供了多款"皮肤"可以切换，方法为：在主窗口标题栏上右击，在弹出的快捷菜单中选择"皮肤"命令，然后在弹出的子菜单中选择所喜爱的皮肤即可。

## 3.4.2　全能播放器——暴风影音

暴风影音被称为"全能播放器"，它支持播放 Real、MPEG-2、MPEG-4、QuickTime、RM、WAV、Matroska 和 3GP 等几乎所有的文件格式，可以完成大多数流行的影音文件、流媒体和影碟等的播放而无须其他专用软件，且具有界面简洁、操作简单等特点。

使用暴风影音播放音频文件的方法和播放视频文件相似。下面介绍使用暴风影音播放视频文件的方法，具体操作步骤如下：

（1）选择"开始"→"所有程序"→"暴风影音"命令，或双击桌面上的暴风影音快捷图标，进入暴风影音主界面，选择"文件"→"打开文件"命令，如图 3-46 所示。

图 3-46　暴风影音主界面

（2）打开"打开"对话框，选择要播放的

文件，如选择"太上老君婚宴"文件，然后单击 打开(0) 按钮，如图 3-47 所示。

图 3-47　"打开"对话框

（3）播放器窗口中开始播放文件，并显示

相应的视频图像，如图 3-48 所示。

图 3-48　播放视频文件

（4）在播放过程中，单击视频图像下方工

具栏中的按钮，可以进行暂停、快退、快进和调节音量等操作，例如单击"全屏"按钮 ，可以进行全屏播放，如图 3-49 所示。

图 3-49　全屏播放

# 3.5　光盘刻录工具——Nero

 本节内容学习时间为 15:00～16:00

Nero 是德国 Ahead 公司推出的、目前比较流行的刻录软件，使用该刻录软件可以将数据、短片或者电影等刻录到光盘上长久保存起来。本节将以 Nero 为例介绍光盘的刻录方法。

## 3.5.1　认识 Nero 的工作界面

在电脑中安装了 Nero 后就可以使用该软件了。选择"开始"→"所有程序"→Nero 8→Nero StartSmart 命令，打开 Nero 的工作界面，如图 3-50 所示。

图 3-50　Nero 的工作界面

## 3.5.2　刻录数据光盘

由于电脑硬盘的容量有限，所以对于一些重要而又很大的文件通常需要刻录成光盘进行保存。下面以使用 Nero 将"F:\公司内部文件"刻录成一张数据光盘为例，介绍刻录数据光盘的方法，具体操作步骤如下：

（1）在 Nero 初始界面中单击"数据刻录"按钮，打开"刻录数据光盘"界面，单击 添加(A)... 按钮添加需刻录到光盘中的内容，如图 3-51 所示。

成刻录。同时刻录机将自动弹出光盘托盘。

图 3-51　"刻录数据光盘"界面

图 3-52　添加要刻录的文件

（2）打开"打开"对话框，选择 F 盘下的"公司内部文件"文件夹，然后单击"打开"按钮添加文件，如图 3-52 所示。

（3）返回到"刻录数据光盘"界面，将一张空白 CD-R/RW 光盘放入刻录光驱，然后单击"刻录"按钮即可，如图 3-53 所示。

（4）系统开始刻录光盘，并显示刻录进度，完成后将弹出提示框，单击 确定 按钮即可完

图 3-53　单击"刻录"按钮

**指点迷津**

在如图 3-52 所示的刻录文件列表框中如果添加了多个要刻录的文件或者文件夹，则在某个文件项目上右击，在弹出的快捷菜单中选择相应的命令可以执行删除和重命名等操作。

## 3.5.3　刻录视频光盘

刻录视频光盘是指将 AVI、MPEG、WMV 和 MOV 等视频文件刻录成 VCD，以便于在 VCD 或 DVD 播放机上进行播放。刻录视频光盘的具体操作步骤如下：

（1）在 Nero 初始界面中单击"翻录和刻录"按钮，在打开的"翻录和刻录"界面中单击"刻录视频光盘"图标，如图 3-54 所示。

（2）打开 Nero Express 窗口，选择 Video CD 选项，如图 3-55 所示。

（3）在打开的窗口中单击"添加"按钮，如图 3-56 所示。

（4）打开"添加文件和文件夹"窗口，选择需要刻录成 VCD 的视频文件，然后单击"添加"按钮，如图 3-57 所示。

图 3-54 单击"刻录视频光盘"图标

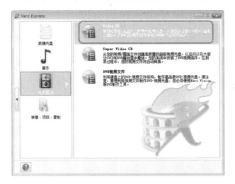

图 3-55 选择 Video CD 选项

图 3-56 单击"添加"按钮

图 3-57 添加要刻录的视频文件

图 3-58 添加视频文件后

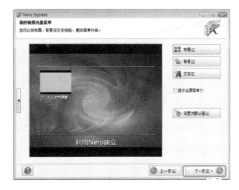

图 3-59 预览菜单效果

（5）该视频文件已经添加到原对话框中，将一张空白 DVD-R/RW 光盘放入刻录光驱，单击"下一步"按钮继续操作，如图 3-58 所示。

（6）打开对话框提示用户选择并编辑播放菜单，且可以预览播放菜单效果，这里保持默认设置即可，单击"下一步"按钮继续操作，如图 3-59 所示。

（7）在打开的对话框中选择刻录机和设置卷名等，然后单击 刻录 按钮即可开始刻录 VCD，如图 3-60 所示。

图 3-60 设置刻录选项

# 3.6 本 日 小 结

 本节内容学习时间为 16:20～17:00

今天主要了解了常用工具软件的概念、获取方法、使用方法和技巧，并重点学习了以下几种常用的工具软件：文件压缩工具 WinRAR、文档阅读工具超星图书阅览器、图片浏览工具 ACDSee、音频播放器千千静听、视频播放器暴风影音和光盘刻录工具 Nero。

（1）不仅介绍了使用 WinRAR 压缩和解压缩文件的主要功能，还涉及了加密压缩包的高级应用。

（2）超星图书阅览器的使用比较简单，主要介绍了使用超星图书阅览器阅读电子图书的方法和技巧。

（3）ACDSee 是一个强大的图片浏览软件，使用它可以对图像进行简单的编辑处理。

（4）千千静听和暴风影音都是视听播放软件，一个侧重于音频播放，而另一个侧重于视频播放，千千静听的最大特点是能够自动在 Internet 上搜索歌词，而暴风影音能够支持非常多的视频格式，被称为"全能播放器"。

（5）使用光盘刻录工具 Nero 既可以刻录数据光盘，又可以刻录视频光盘，掌握了它的使用方法，会对文件的保存起很大的作用。

总的来说，工具软件的使用方法都比较简单，即便是新手，只要多加学习，就可以很快地掌握它们。

# 3.7 新 手 练 兵

 本节内容学习时间为 19:00～20:00

## 3.7.1 谷歌金山词霸的使用

本节为用户介绍一款能在电脑上使用的英汉词典——金山词霸，它是由金山公司开发的一款可以对英文的字、词、句乃至整段文章进行翻译的英汉互译软件。下面以谷歌金山词霸合作版本为例，介绍使用金山词霸进行词典查询和屏幕取词的方法。

1. 词典查询

在学习或者工作的过程中，可能会遇到陌生的英语单词，这时，可以在金山词霸主界面的输入框中输入要查询的中/英/日文单词或词组，在显示框中将显示简短的查询结果。

下面以用金山词霸查询英文单词 morning 的汉语解释为例讲解使用金山词霸的方法，具体操作步骤如下：

（1）选择"开始"→"所有程序"→"谷歌金山词霸合作版"→"谷歌金山词霸合作版"命令，启动金山词霸进入其首页，如图3-61所示。

（2）在输入框中输入需要查询的单词Morning，单击"查词"按钮，在显示框中将会显示所查询单词或词组的详细解释，如图3-62所示。单击音标右侧的声音图标便可听到该单词的发音。

> **智慧锦囊**
>
> 在谷歌金山词霸主界面中，单击"例句"按钮，在打开的窗口中不仅可以进行简单的英汉翻译，还可以使用金山词霸提供的大量实用例句来进行英文写作。

图3-61 谷歌金山词霸首页

我听到发音了，而且很标准！

图3-62 查询到的中文解释

### 2. 屏幕取词

在使用电脑浏览英文网站或使用某个英文软件时，可能会遇到大量陌生的单词，如果使用词典查询功能进行查询比较麻烦，但是使用谷歌金山词霸合作版的屏幕取词功能则可以很好地解决这个问题，谷歌金山词霸可以翻译屏幕上任意位置的中、英和日文单词或词组。

下面介绍谷歌金山词霸屏幕取词功能的使用方法，具体操作步骤如下：

（1）在谷歌金山词霸界面下方单击"取词"按钮，启用屏幕取词功能，如图 3-63 所示。

图 3-63　启用屏幕取词功能

（2）将鼠标光标移动到屏幕上需要查询的中、英或日文单词上，系统将即时弹出一个包含单词音标和释义等多项有用内容的浮动窗口，如图 3-64 所示。

图 3-64　屏幕取词

智慧锦囊　在浮动窗口上双击鼠标左键可以暂停屏幕取词功能，按 Ctrl+Alt+F1 组合键又可以切换到屏幕取词状态。

## 3.7.2　用 ACDSee 制作幻灯片

使用 ACDSee 可以制作个性化的幻灯片。本节将以 ACDSee 10 为例讲解制作幻灯片的方法，具体操作步骤如下：

（1）新建一个名称为"照片"的文件夹，将要制作为电子相册的所有图片保存到该文件夹中。

（2）双击桌面上的 ACDSee 10 程序图标，启动 ACDSee 10，在文件夹列表窗口中选择刚才创建的"照片"文件夹，在显示窗口中将显示该文件夹中的所有图片，选中所有的图片，选择"工具"→"调整图像大小"命令，如图 3-65 所示。

（3）打开"批量调整图像大小"对话框，在"宽度"文本框中输入 400，在"高度"文本框中输入 600，确认选中 保持原始的纵横比(V) 复选框，然后单击 开始调整大小(S) 按钮，如图 3-66 所示。

（4）ACDSee 开始调整图片的尺寸，调整完成后，单击 完成 按钮即可，如图 3-67 所示。

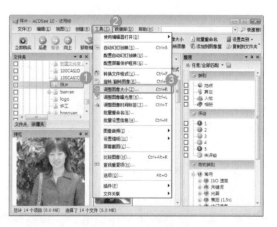

图 3-65　选择图片

（5）选择"创建"→"创建 PPT"命令，

如图 3-68 所示。

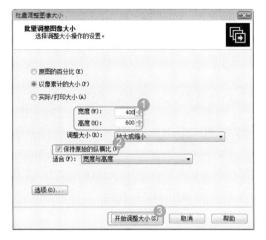

图 3-66　"批量调整图像大小"对话框

图 3-67　调整完成

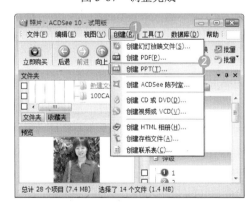

图 3-68　选择"创建 PPT"命令

（6）打开"创建 PPT 向导"对话框，在该对话框中可以选择要用于创建 PPT 文件的图片，选择完成后，单击 下一步(N)> 按钮，如图 3-69 所示。

图 3-69　"创建 PPT 向导"对话框

（7）进入"演示文稿选项"对话框，可以设置幻灯持续时间和每个幻灯的图像数量等，设置完成后，单击 下一步(N)> 按钮，如图 3-70 所示。

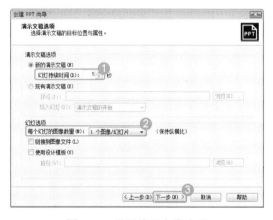

图 3-70　设置演示文稿选项

（8）在打开的"文本选项"对话框中设置合适的背景颜色，并输入要附加到文稿中的文字，然后单击 创建 按钮，如图 3-71 所示。

（9）ACDSee 开始创建幻灯片，创建完成后，打开 Microsoft PowerPoint 演示文稿，选择"幻灯片放映"选项卡，在"开始放映幻灯片"组中单击"从头开始"按钮，即可观看创建好的幻灯片，如图 3-72 所示。

图 3-71　输入附加文本

图 3-72　观看幻灯片

# 第4日

# Word 2007 基本知识

今日学习内容综述

上午： 1. Word 2007 入门知识

2. 输入与编辑 Word 文档

3. 设置字符和段落格式

下午： 4. Word 2007 中图表的应用

5. 设置页面格式

6. 打印 Word 文档

超超： 老师，我想编辑一篇文档，有没有比"记事本"功能更强大一点的文字处理软件呢？

越越老师： 当然有了，Word 就是目前比较流行的文字处理软件，并且功能很强大，最新版本为 Word 2007。

超超： 我还不会使用呢，您快点教教我吧。

越越老师： 呵呵，好的，我们现在就来学习它吧！

# 4.1　Word 2007 入门知识

 本节内容学习时间为 8:00～9:00（视频：第 4 日\Word 2007 入门知识）

　　Word 是微软公司推出的 Office 办公软件中一个功能强大的文字处理软件，利用它可以制作多种多样的办公文档，如名片、宣传单和招标书等，还可以制作个人简历、公司简介和请柬等。Word 2007 是 Word 软件目前的最新版本，它的操作界面美观、功能强大，是目前最流行的文字处理软件。

## 4.1.1　启动与退出 Word 2007

　　学习 Word 2007 首先应从最基本的启动与退出操作开始。

### 1. 启动 Word 2007

启动 Word 2007 的方法有以下几种：

❖ 选择"开始"→"所有程序"→Microsoft Office→Microsoft Office Word 2007 命令。
❖ 双击桌面上已创建的 Microsoft Word 快捷图标。
❖ 双击电脑中的某个 Word 文档图标。

### 2. 退出 Word 2007

退出 Word 2007 的方法有以下几种：

❖ 单击 Word 2007 窗口左上角的 Office 按钮，在弹出的菜单中选择"关闭"命令。
❖ 单击 Word 2007 窗口标题栏右侧的"关闭"按钮。
❖ 按 Alt+F4 组合键。

> **重点提示**　直接双击要打开的工作簿图标，可以快速打开所需浏览或编辑的文件。

## 4.1.2　Word 2007 的工作界面

　　启动 Word 2007 后，即可打开其工作界面，界面主要由 Office 按钮、快速访问工具栏、标题栏、功能选项卡、功能区、文档编辑区、标尺、滚动条、状态栏、视图栏和缩放比例工具等组成，如图 4-1 所示。

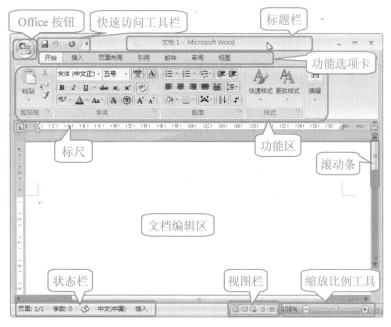

图 4-1 Word 2007 的工作界面

### 1. Office 按钮

Office 按钮位于窗口的左上角，单击该图标，在弹出的菜单中可以对文档进行新建、保存和打印等操作，如图 4-2 所示。

### 2. 快速访问工具栏

默认情况下，快速访问工具栏中包括"保存"、"撤销"和"恢复"按钮，如果单击该工具栏右侧的 按钮，在弹出的菜单中可以将经常使用的工具按钮添加到快速访问工具栏中，如图 4-3 所示。

图 4-2 单击 Office 图标弹出的菜单

图 4-3 使用快速访问工具栏添加工具按钮

**3. 标题栏**

标题栏用于显示正在操作的文档和程序的名称等信息，其右侧包括"最小化"、"最大化"和"关闭"3 个控制按钮，单击它们可执行相应的操作。

**4. 功能选项卡和功能区**

功能选项卡与功能区是对应的关系。选择某个选项卡即可打开相应的功能区，在不同的功能区可以对文档进行不同的编辑。如图 4-4 所示打开了"插入"选项卡，在该功能区中可以对文档进行插入图片和剪贴画等设置。

图 4-4　选项卡和功能区

**5. 文档编辑区**

文档编辑区主要用于输入与编辑文档。文档编辑区中有一个闪烁的光标，通常将其称为文本插入点，用于定位文本的输入位置。

**6. 标尺**

在文档中分别显示水平标尺和垂直标尺，其作用是确定文档在屏幕及纸张上的位置。

**7. 滚动条**

文档编辑区的右侧和底部都有滚动条，拖动滚动条可以浏览文档中的所有内容。

**8. 状态栏**

状态栏主要用于显示与当前工作有关的信息，如文档页数、字数和输入法等。

**9. 视图栏**

单击视图栏上不同的视图按钮，可以在不同的视图方式下进行切换。

**10. 缩放比例工具**

通过缩放比例工具可以设置文档的显示比例，用户可以通过拖动缩放滑块来进行方便快捷的调整。

智慧锦囊

在 Word 2007 工作界面选项卡右侧有一个"帮助"按钮，单击它可打开相应组件的帮助窗格，用户在其中可以查找需要帮助的信息。

## 4.1.3 Word 文档的基本操作

Word 2007 的操作对象被称为文档，对文档的基本操作主要包括新建、保存、关闭与打开文档等。下面将分别进行讲解。

### 1. 新建文档

启动 Word 2007 之后，Office 软件会自动创建一个名为"文档 1"的空白文档。用户也可以新建其他名称的文档，或者根据 Word 提供的模板来新建带有格式和内容的文档。

新建一个 Word 空白文档的具体操作步骤如下：

（1）在当前 Word 文档中单击 Office 按钮，在弹出的下拉菜单中选择"新建"命令，如图 4-5 所示。

图 4-5　选择"新建"命令

图 4-6　"新建文档"对话框

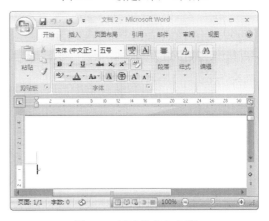

图 4-7　创建的空白文档

**指点迷津**　直接按 Ctrl+N 组合键或者单击快速访问工具栏中的"新建"按钮也可以新建一个空白文档。

（2）打开"新建文档"对话框，在"模板"列表框中默认选择"空白文档和最近使用的文档"选项，在右侧的列表框中选择"空白文档"选项，如图 4-6 所示，单击 创建 按钮，即可新建一个空白文档，如图 4-7 所示。

**指点迷津**　在图 4-6 中用户可以选择"已安装的模板"选项，然后在中间的模板列表框中选择一个模板样式即可快速新建一个带有不同样式的文档。

### 2. 保存文档

Word 文档编辑完成后，可以对文档进行保存，以便以后浏览。保存 Word 文档有以下几种方法：

❖ 单击 Office 按钮，在弹出的下拉菜单中选择"保存"命令，或者选择"另存为"命令，打开"另存为"对话框，如图 4-8 所示，在其中可以选择保存的位置和名称。

❖ 单击快速访问工具栏中的"保存"按钮。这种方法主要用于随时对文档进行保存。

❖ 直接按 Ctrl+S 组合键。

图 4-8 "另存为"对话框

选择"另存为"命令，可以将文件放置到另外一个位置，这样即使原来的文件丢失或损坏，也不会带来不必要的麻烦。

### 3. 关闭文档

关闭文档只是关闭当前正在编辑的文档，若关闭 Word 应用程序，Windows 会将 Word 窗口中所有打开的文档同时关闭。关闭文档的方法有以下几种：

❖ 单击 Office 按钮，在弹出的下拉菜单中选择"关闭"命令。

❖ 单击打开的 Word 文档窗口右上方的区按钮，直接关闭文档。

❖ 直接按 Alt+F4 组合键。

重点提示　如果同时打开了多个 Word 文档，则单击 Office 按钮，在弹出的下拉菜单中选择"关闭"命令将只关闭当前的文档，单击 X 退出 Word X 按钮则同时关闭所有的 Word 文档。

### 4. 打开文档

如果要对电脑中已经存在的文档进行编辑，首先需要打开该文档。具体操作步骤如下：

（1）启动 Word 2007 后，单击 Office 按钮，在弹出的下拉菜单中选择"打开"命令。

（2）打开"打开"对话框，在"查找范围"下拉列表框中选择文档的保存位置，在中间的列表框中选择要打开的文档，然后单击"打开(O)"按钮，即可打开文档，如图 4-9 所示。

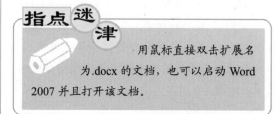
用鼠标直接双击扩展名为.docx 的文档，也可以启动 Word 2007 并且打开该文档。

图4-9 "打开"对话框

## 4.2 输入与编辑 Word 文档

本节内容学习时间为 9:30～10:30（视频：第 4 日\输入与编辑 Word 文档）

下面以在 Word 2007 中编写一篇文章为例，讲解在 Word 2007 中输入汉字、标点符号、英文字母和数字等的方法。

### 4.2.1 输入文本

新创建一个空白文档后，就可以在文档中输入内容了，其方法比较简单，只需在文档编辑区中单击插入光标，在光标处输入文本即可。输入文字时，光标会依次向右移动；按 Enter 键，光标移到下一行重新开始输入。具体操作步骤如下：

（1）在打开的文档编辑区中单击，这时光标将显示在文档编辑区第一行的开头处，连续按空格键，将光标移动到文档第一行的中间位置。

（2）选择合适的输入法，输入文章标题"船之旅"，如图 4-10 所示，然后按 Enter 键换行。

（3）换行后连续按 4 次空格键，输入正文的第一行文字，第一行文字输入完成后，继续输入文字时光标将自动换行，然后继续输入文章的其他内容，如图 4-11 所示。

图4-10 输入标题

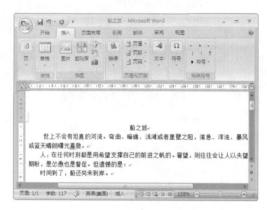

图 4-11　输入正文内容

## 4.2.2　输入特殊字符

在编辑文档时，经常会遇到一些无法从键盘上直接输入的符号，如※、★、◎、▲等，此时，就需要使用 Word 2007 的插入符号功能来输入。具体操作步骤如下：

（1）将光标定位到需要插入符号的位置。切换到"插入"选项卡，在"特殊符号"组中单击"符号"按钮，在弹出的列表框中单击"更多"按钮，如图 4-12 所示。

（2）打开"插入特殊符号"对话框，在"特殊符号"选项卡中单击需要插入的符号，如※，然后单击 <u>确定</u> 按钮，如图 4-13 所示。

图 4-12　单击"符号"按钮

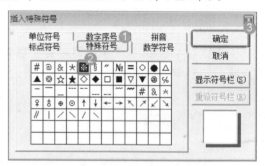

图 4-13　"插入特殊符号"对话框

（3）使用同样的方法插入其他符号。

智慧锦囊

如果在如图 4-12 所示的列表框中包含所需要的特殊字符，直接单击它也可以将其插入到指定位置。

## 4.2.3　输入日期和时间

在 Word 2007 中编辑文本时，除了可以手工输入时间外，还可以直接插入当前系统的日期和时间。具体操作步骤如下：

（1）将光标定位到文档中需要插入日期和时间的位置，选择"插入"选项卡，在"文本"组中单击"日期和时间"按钮，如图 4-14 所示。

图 4-14　单击"日期和时间"按钮

（2）打开"日期和时间"对话框，在"语言（国家/地区）"下拉列表框中选择"中文（中国）"选项，在"可用格式"列表框中选择合适的日期格式选项，单击 确定 按钮，如图 4-15

所示。

图 4-15　选择日期格式

（3）即可将所选的日期格式插入文档中。

## 4.2.4　选择文本

对文本进行编辑的过程中，首先需要选择文本。选择文本的方法有以下几种。

### 1. 拖动鼠标选择

当需要选择的文本不多时，可以使用拖动鼠标的方法来选择。

将光标定位到需要选择的文本前面，按住鼠标左键不放并拖动鼠标，当到达选择文本的最后一个字符时，释放鼠标，选择后的文本呈反白显示，如图 4-16 所示。

世上不会有坦直的河流。弯曲、喷礁、浅滩或崖壁之阻，湍急、浑浊、暴风骤雨、或蓝天晴朗曙光熹微。

人，在任何时刻都是用希望支撑自己的前进之帆的。奢望，则往往会让人以失望终，而期盼，是怂恿也是督促。但遗憾的是：

时间到了，船还尚未到岸。

图 4-16　拖动鼠标选择文本

**重点提示**　　将光标定位到需要选择文本的起始位置，然后在终止位置按住 Shift 键单击鼠标左键，可选择起始位置和终止位置之间的所有文本。另外，用鼠标在文本中双击可选择鼠标光标所在处的一个词语。

### 2. 单击鼠标选择

将鼠标移到需要选择的文本行左侧的空白位置，当光标由 I 变成箭头形状 时单击鼠标，即可选择整行文本，如图 4-17 所示。

将鼠标光标移动到所要选的连续多行的首行左侧空白位置，当光标由 I 变成反箭头形状时按住鼠标左键不放拖动到所要选的连续多行的末行行首，释放鼠标即可选择多行文本，如图 4-18 所示。

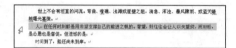

图 4-17　选择单行文本

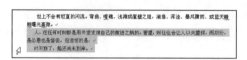

图 4-18　选择多行文本

### 3. 选择整篇文档

选择整篇文档有以下 3 种方法：

❖ 选择"开始"选项卡，在"编辑"组中单击"选择"按钮，在弹出的下拉菜单中选择"全选"命令，如图 4-19 所示。

❖ 将鼠标光标移到文档的最左边，当光标变成 ◢ 形状时，用鼠标快速连续单击 3 次。

❖ 按 Ctrl+A 组合键直接选择。

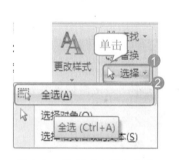

图 4-19　选择"全选"命令

选择文本后，单击选择对象外的任意位置可以取消选择。

## 4.2.5　复制文本

编辑文本时，如果需要重复输入相同的内容，可以使用文本复制功能快速输入。复制文本的具体操作步骤如下：

（1）选择需要复制的文本，在"开始"选项卡下单击"剪贴板"组中的"复制"按钮，或者按 Ctrl+C 组合键，如图 4-20 所示。

（2）将光标定位到目标位置，再单击"剪贴板"组中的"粘贴"按钮，在打开的下拉菜单中选择"粘贴"命令或者按 Ctrl+V 组合键，即可完成文本的复制，如图 4-21 所示。

图 4-20　复制文本

图 4-21　粘贴文本

## 4.2.6　移动文本

移动文本就是将文本从文档的某个地方移动到另一个地方。移动文本的方法是：选择需要移动的文本，当鼠标变为箭头形状时，按住鼠标左键不放并拖动，当虚竖线到达目标位置后释放鼠标，即可将选择的文本移动到目标位置，如图 4-22 所示。

图 4-22　通过拖动移动文本

另外，选择文本后，单击"剪贴板"组中的"剪切"按钮 或者按 Ctrl+X 组合键，然后将鼠标光标定位到目标位置，再单击"剪贴板"组中的"粘贴"按钮 或按 Ctrl+V 组合键也可以移动文本，如图 4-23 所示。

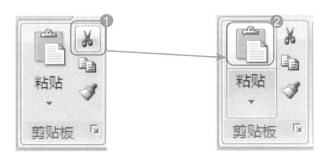

图 4-23　使用剪切与粘贴功能移动文本

## 4.2.7　删除文本

在文档的编辑过程中，如果出现了输入错误或重复的文本，可以将其删除。删除文本常用的方法有以下几种：

❖ 按 Backspace 键可删除文本插入点左侧的字符。

❖ 按 Delete 键可将文档中已经选中的文本删除，也可删除文本插入点右侧的字符。

❖ 按 Ctrl+Backspace 组合键，可删除文本插入点附近的一个字或词组。

# 4.3　设置字符和段落格式

本节内容学习时间为 11:00～12:00（视频：第 4 日\设置字符和段落格式）

使用 Word 2007 编辑文档时，为了使文档看起来整齐、美观、有层次感，可以对文档进行相应的格式设置，包括设置字符和段落格式。下面将分别进行讲解。

## 4.3.1 设置字符格式

设置字符格式可以通过浮动工具栏和"字体"对话框两种方式来完成。

**1. 通过"字体"组设置字符格式**

在 Word 2007"开始"选项卡中的"字体"组中提供了丰富的工具按钮，通过它可以对字符格式进行设置，如图 4-24 所示。

图 4-24　"字体"组

下面通过"字体"组将文字"新手七日通"的格式设置为二号、黑体、红色、具有下划线。具体操作步骤如下：

（1）选择要进行格式设置的文本"新手七日通"。

（2）在"开始"选项卡下的 [宋体] 下拉列表框中选择"黑体"选项，如图 4-25 所示。

图 4-25　选择"黑体"选项

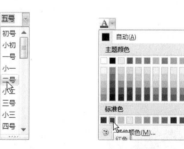

图 4-26　选择字号　图 4-27　设置字体颜色

图 4-28　文本效果

（3）在 [五号] 下拉列表框中选择"二号"选项，如图 4-26 所示。

（4）单击"字体颜色"按钮 A·，在弹出的列表框中选择红色，如图 4-27 所示。

（5）单击"下划线"按钮 U，为文本添加下划线，文字最终效果如图 4-28 所示。

**重点提示**　Word 2007 新提供了浮动工具栏功能，当用户选择一段文字之后，浮动工具栏将自动浮出，开始显示时呈半透明状态，用鼠标光标接近它时就会正常显示，使用它用户也可以很方便地设置字符格式。

**2. 通过"字体"对话框设置字符格式**

选择"开始"选项卡，单击"字体"组右下角的"对话框启动器"按钮，打开"字体"对话框，如图 4-29 所示。通过该对话框不仅可以设置字符格式，还可以设置字体特效以及字符间距等。

> 选择字符，单击鼠标右键，在弹出的快捷菜单中选择"字体"命令，也可以打开"字体"对话框。

图 4-29  "字体"对话框

## 4.3.2  设置段落格式

设置段落格式后，可以使文档的结构清晰、层次分明。设置段落格式可以通过"段落"组、"段落"对话框和水平标尺 3 种方法来实现。

**1. 通过"段落"组设置段落格式**

在 Word 2007"开始"选项卡中的"段落"组中，可以对段落进行对齐和缩进等设置，如图 4-30 所示。

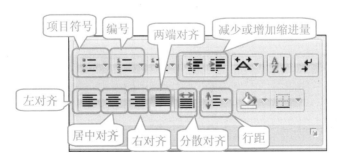

图 4-30  "段落"组

"段落"组中各按钮的具体含义如下。

❖ "左对齐"■、"居中对齐"■和"右对齐"■按钮：单击这几个按钮，可以将文字分别进行左对齐、居中对齐和右对齐。

❖ "两端对齐"按钮■：单击该按钮，可以使段落同时与左边距和右边距对齐，并根据需要增加字间距。

❖ "分散对齐"按钮■：单击该按钮，可以使段落同时靠左边距和右边距对齐，并根据需要增加字间距，最后一行文本也将均匀分布在左、右页边距之间。

❖ 行距"按钮■：单击该按钮，在弹出的下拉列表框中可以设置文本行间距。

❖ "项目符号"按钮■：单击该按钮，可以为段落自动添加项目符号。

❖ "编号"按钮■：单击该按钮，可以为段落按顺序添加编号。

❖ "减少缩进量"按钮■：单击该按钮，可以减少段落的缩进量。

❖ "增加缩进量"按钮■：单击该按钮，可以增加段落的缩进量。

下面通过一个实例介绍使用"段落"组设置段落格式的方法，具体操作步骤如下：

（1）打开一个 Word 2007 文档，如图 4-31 所示。

图 4-31　打开文档

（2）选中文档的前 4 行文本，单击"段落"组中的"居中对齐"按钮■，则选中的文本在页面中居中对齐，如图 4-32 所示。

图 4-32　设置文本居中对齐

（3）选中第 5 行文本，单击"段落"组中的"增加缩进量"按钮■，效果如图 4-33 所示。

（4）选中该文档的最后 5 行文本，单击"编

号"按钮■，为段落按顺序添加编号，效果如图 4-34 所示。

图 4-33　增加段落缩进量

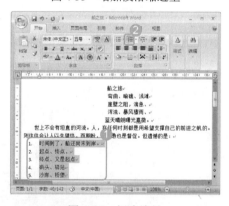

图 4-34　创建编号

指点迷津

在设置段落格式前，需先选择要设置的段落，如果只设置某一个段落的格式，则可将文本插入点定位于该段落中，然后再进行设置。

### 2. 通过水平标尺设置段落格式

使用水平标尺可以直观方便地设置段落缩进，用鼠标拖动标尺上相应的滑块即可进行设置。标尺的结构如图 4-35 所示。

图 4-35　水平标尺

### 3. 通过"段落"对话框设置段落格式

类似于"字体"对话框，通过"段落"对话框可以全面而精确地设置段落格式，单击"段落"组中的"对话框启动器"按钮，即可打开"段落"对话框，如图 4-36 所示。

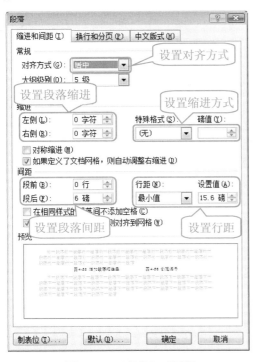

"段落"对话框的功能很实用，其中包括 3 个选项卡，通过它可以很精确地设置段落格式。

图 4-36　"段落"对话框

# 4.4　Word 2007 中图表的应用

本节内容学习时间为 14:00～15:00（视频：第 4 日\在 Word 中绘制表格）

为了使文档看起来更加直观和生动，可以在制作的文档中插入图片、剪贴画和艺术字等，还可以绘制表格。下面分别介绍在 Word 中插入图片和表格的方法。

## 4.4.1 插入图片、剪贴画和艺术字

### 1. 插入电脑中的图片

在 Word 中可以插入电脑中或网络驱动器中的图片，具体操作步骤如下：

（1）定位光标于需插入图片的位置，在"插入"选项卡的"插图"组中单击"图片"按钮，打开"插入图片"对话框，选择需要插入的图片，单击 插入(S) 按钮，如图 4-37 所示。

（2）将在文本插入点处插入相应的图片，得到的效果如图 4-38 所示。

图 4-37 "插入图片"对话框

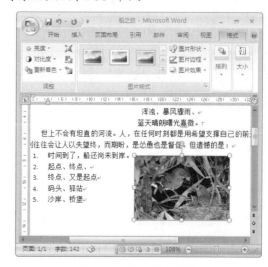

图 4-38 插入图片效果

### 2. 插入剪贴画

在文档中可以插入 Office 2007 自带的剪贴画，具体操作步骤如下：

（1）将光标定位于要插入剪贴画的位置，选择"插入"选项卡，单击"插图"组中的"剪贴画"按钮，打开"剪贴画"任务窗格。

（2）在"搜索文字"文本框中输入需要搜索的剪贴画关键字，在"搜索范围"下拉列表框中选择要搜索的范围，然后在"结果类型"下拉列表框中选择所需剪贴画的类型，如图 4-39 所示。

（3）单击 搜索 按钮，即可开始在 Office 提供的所有剪贴画中搜索符合条件的对象。搜索到的剪贴画缩略图将显示在任务窗格中，如图 4-40 所示，单击所需缩略图，该剪贴画将自动插入到文本插入点处。

图 4-39 "剪贴画"任务窗格

图 4-40 选择需要的剪贴画

### 3. 插入艺术字

文档中具有特殊效果的文字称为艺术字，在文档中插入艺术字，不但能够丰富文档和突出文档内容，还可以对文档起到美化作用。插入艺术字的具体操作步骤如下：

（1）将光标定位到需插入艺术字的位置，选择"插入"选项卡，单击"文本"组中的"艺术字"按钮，在打开的列表框中选择一种艺术字样式，如图 4-41 所示。

（2）打开"编辑艺术字文字"对话框，在"文本"文本框中输入文本并设置文字的字体和字号，单击右侧的"加粗"按钮 **B**，然后输入文字"春的幻想"，单击 确定 按钮，如图 4-42 所示。

图 4-42　"编辑艺术字文字"对话框

（3）完成插入艺术字的操作，得到的艺术字效果如图 4-43 所示。

图 4-41　选择艺术字样式

图 4-43　艺术字效果

## 4.4.2　在 Word 中绘制表格

在 Word 中可以根据需要创建表格，用来更直观地表达数据的含义。新建表格的方法有以下 3 种：

❖ 选择"插入"选项卡，单击"表格"组中的"表格"按钮，弹出下拉列表框，在"插入表格"区域中用鼠标拖动选择需要插入表格的行数和列数。

❖ 选择"插入"选项卡，单击"表格"组中的"表格"按钮，在弹出的下拉列表框中选择"插入表格"选项。

❖ 选择"插入"选项卡，单击"表格"组中的"表格"按钮，在弹出的下拉列表框中选择"绘制表格"选项。

### 1. 直接移动鼠标绘制表格

下面以创建一个 4 行 5 列的表格为例介绍在 Word 2007 中插入表格的方法，具体操作步骤如下：

（1）选择"插入"选项卡，单击"表格"组中的"表格"按钮，弹出"表格"下拉列表框。

（2）在"插入表格"区域中用鼠标拖动选择需要的行数和列数，如图 4-44 所示。

（3）在文档中创建一个 4 行 5 列的表格，如图 4-45 所示。

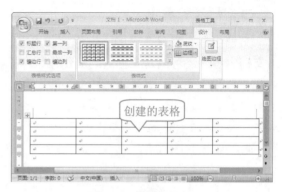

图 4-44　选择表格的行数与列数　　　　图 4-45　创建的表格

> **指点迷津**
>
> 在创建表格的同时会出现"表格工具"选项区，它包括"设计"和"布局"两个选项卡，与表格相关的命令都在其中，在后面的内容中会经常使用。

### 2. 使用"插入表格"选项创建表格

下面使用"插入表格"命令创建一个 4 行 4 列的表格，具体操作步骤如下：

（1）将文本插入点定位到需要插入表格的位置，选择"插入"选项卡，单击"表格"按钮，在弹出的下拉列表框中选择"插入表格"选项，如图 4-46 所示。

图 4-46　选择"插入表格"选项

（2）打开"插入表格"对话框，设置需要创建表格的参数，单击 确定 按钮，如图 4-47所示。

（3）即可创建一个 4 行 4 列的表格，如

图 4-48 所示。

图 4-47　"插入表格"对话框

图 4-48　绘制的表格

**指点迷津**

在图 4-46 中选择"绘制表格"选项，当鼠标光标变为 ℓ 形状时，按住鼠标左键拖动鼠标，即可绘制用户自己想要的表格。

## 4.4.3 表格的基本操作

表格的基本操作包括选择表格、设置行高与列宽、合并与拆分单元格和对齐表格内容等。下面分别进行讲解。

### 1. 选择表格

创建好表格后，为了编辑表格，首先要选择表格。选择表格包括选择单元格、选择行与列和选择整个表格。

❖ 将光标移动到欲选择单元格的左边框处，当其变成 ➚ 形状时单击即可选中该单元格，如图 4-49 所示。

图 4-49 选中单个单元格

❖ 将光标移动到欲选择列的顶端，当其变成 ↓ 形状时单击即可选择该列单元格，如图 4-50 所示。

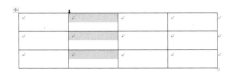

图 4-50 选择列

❖ 将光标移动到欲选择行的任意单元格左边框，当其变成 ➚ 形状时双击鼠标左键即可选择该行单元格，如图 4-51 所示。

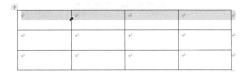

图 4-51 选择行

❖ 用鼠标单击表格的任意位置，再单击表格左上角出现的 ✛ 标记即可选择整个表格，如图 4-52 所示。

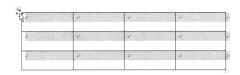

图 4-52 选择整个单元格

**重点提示** 在任意单元格中单击可以将光标定位于该单元格中，定位好光标后，就可以向单元格中输入内容了。按方向键 →、←、↑、↓ 可使光标分别向相应方向的单元格移动。

### 2. 调整行高与列宽

创建表格时，表格的行高与列宽都采用默认值，在实际工作中，可以根据需要对表格的行高与列宽进行适当调整。调整方法有两种，一种是使用鼠标拖动，另一种是在"表格工具"下的"布局"选项卡中进行设置。

❖ 将光标移动到表格中任意相邻两行的分隔线上，当其变为 ÷ 形状时，向上或向下拖动即可改变行高，如图 4-53 所示。使用类似的方法可以调整列宽。

❖ 选择需要调整行高和列宽的单元格，选择"表格工具"下的"布局"选项卡，在"单元格大小"组中的"表格行高度"和"表格列宽度"数值框中可以精确设置大小，如图 4-54 所示。

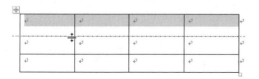

图 4-53　拖动鼠标调整

图 4-54　"表格工具"下的"布局"选项卡

### 3. 合并和拆分单元格

合并单元格是指将两个或两个以上相邻的单元格合并为一个单元格。合并单元格的方法为：选择要合并的单元格，选择"表格工具"下的"布局"选项卡，在"合并"组中单击"合并单元格"按钮即可，如图 4-55 所示。

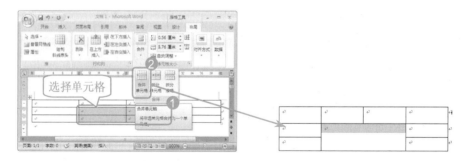

图 4-55　合并单元格

拆分单元格是指将一个单元格划分为多个大小相同的小单元格。拆分单元格的方法为：选择要拆分的单元格，在"合并"组中单击"拆分单元格"按钮，打开"拆分单元格"对话框，在"列数"和"行数"数值框中输入所需数值，单击 确定 按钮即可将单元格拆分，如图 4-56 所示。

图 4-56　拆分单元格

#### 4. 对齐表格内容

在表格中输入内容时，文本内容默认靠左上方对齐。在 Word 中表格内容的对齐方式有多种，如靠上两端对齐、靠上居中对齐、靠上右对齐和中部两端对齐等。下面将讲解表格内容的对齐方法，具体操作步骤如下：

（1）选中整个表格内容，选择"表格工具"下的"布局"选项卡，单击"对齐方式"组中的"靠上居中对齐"按钮，如图 4-57 所示。

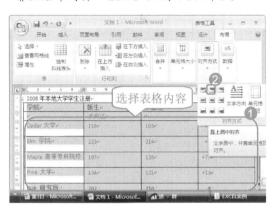

图 4-57　单击"靠上居中对齐"按钮

（2）可以看到表格中的所有内容在单元格中靠上居中对齐，如图 4-58 所示。

图 4-58　靠上居中对齐效果

**指点迷津**　设置表格内容的对齐方式时，将鼠标光标移动到"对齐方式"组中的相应按钮上，停留片刻将自动显示按钮的名称。

# 4.5　设置页面格式

本节内容学习时间为 15:30～16:20（视频：第 4 日\设置页面格式）

将文档编辑完成后，在打印之前需要对页面进行格式设置，如设置纸张方向和大小、页边距、页面版式等。

## 4.5.1　设置页面大小和方向

设置页面大小实际上就是选择要使用的纸型，还可以自定义页面尺寸。另外，系统默认采用的纸张方向为"纵向"，根据需要可以将纸张方向设置为"横向"。具体操作步骤如下：

（1）打开设置页面格式的文档，选择"页面布局"选项卡，在"页面设置"组中单击"纸张大小"按钮，在其下拉列表框中提供了多种不同的纸张大小，这里选择 A5 选项，如图 4-59 所示。

（2）单击"纸张方向"按钮，在打开的下拉列表框中选择"横向"选项，如图 4-60 所示。

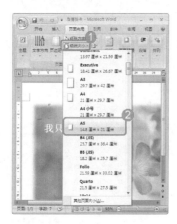

图 4-59　设置纸张大小

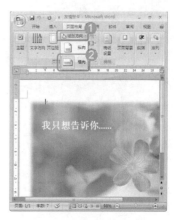

图 4-60　设置纸张方向

**指点迷津**

在选择纸张大小时，也可以在弹出的下拉列表框中选择"其他页面大小"选项，然后在弹出的对话框中设置自己需要的页面大小。

## 4.5.2　设置页边距

页边距是指页面中的正文部分与页面上、下、左、右边线的距离。设置页边距后，在页面的 4 个角上会有"┗"类的符号，它们表示文字的边界。设置页边距的具体操作步骤如下：

（1）打开文档，选择"页面布局"选项卡，单击"页边距"按钮，在其下拉列表框中提供了几种不同的页边距选项，选择"自定义边距"选项，如图 4-61 所示。

（2）打开"页面设置"对话框，在"页边距"选项区域中分别在"上"、"下"、"左"、"右"数值框中输入数值，单击 确定 按钮即可，如图 4-62 所示。

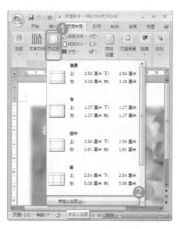

图 4-61　选择"自定义边距"选项

图 4-62　"页面设置"对话框

# 4.6 打印 Word 文档

本节内容学习时间为 16:30～17:20

文档设置好纸张大小、方向和页边距等后，即可进入文档的打印环节。下面将具体进行讲解。

## 4.6.1 打印预览

由于文档的显示效果与打印出来的效果不完全一致，因此在打印之前需要对文档进行预览，以免造成纸张的浪费。打印预览文档的具体操作步骤如下：

（1）单击快速访问工具栏中的"打印预览"按钮，打开"打印预览"窗口，在功能区中仅显示"打印预览"选项卡，如图 4-63 所示。

图 4-63　"打印预览"窗口

（2）使用滚动条或者按 Page Up、Page Down键前后观察文档，如果发现错误，可直接进行修改。

（3）如果要返回普通视图进行修改，只需单击"打印预览"选项卡中的"关闭打印预览"按钮即可。

**重点提示**　单击 Office 按钮右侧的快速访问工具栏下三角按钮，在打开的"自定义快速访问工具栏"中选择"打印预览"选项，在快速访问工具栏上将显示"打印预览"按钮。

## 4.6.2 打印文档

如果打印预览后确定文档无误，接下来就可以打印文档了，在"打印"对话框中可以设置打印的页面范围、打印内容、打印份数以及每页的版数等内容。打印文档的具体操作步骤如下：

（1）单击"打印预览"选项卡中的"打印"按钮，打开"打印"对话框，如图 4-64 所示。

（2）在"名称"下拉列表框中选择要使用的打印机。

图 4-64　"打印"对话框

（3）在"页面范围"栏中设置要打印的页

面范围。选中 ⊙ 全部(A) 单选按钮，可以打印整个文档；选中 ⊙ 当前页(E) 单选按钮，只打印光标插入点所在位置的当前页面；选中 ⊙ 页码范围(G)： 单选按钮，则可以在后面的文本框中指定打印的页面。

（4）在"副本"区域中设置打印的份数。在"份数"文本框中输入数值，默认情况下是 1。如果选中 ☑ 逐份打印(T) 复选框，打印机在逐页打印完一份文档后才开始逐页打印另一份文档，这样有利于文稿的装订。

（5）其他选项使用默认设置，单击 确定 按钮即可进行打印。

# 4.7　本日小结

本节内容学习时间为 19:00～19:20

今天首先从最基础的 Word 知识讲起，分别介绍了 Word 2007 的启动与退出、Word 2007 的工作界面、Word 文档的基本操作以及 Word 文档的输入与编辑等，然后学习了在 Word 2007 中设置字符和段落格式的方法、在 Word 中插入图片、剪贴画和艺术字的方法以及如何创建表格、表格的一些基本操作等；最后介绍了设置 Word 文档格式以及打印文档等知识。

今天还有很多知识点没有讲解到，如文档样式和模板知识、Word 中的公式编辑器和 Word 2007 的网络邮件功能等，希望读者通过本章知识的学习，能够做到举一反三，去学习和掌握 Word 2007 更多的功能，让它真正成为您学习和工作的好帮手。

# 4.8　新 手 练 兵

本节内容学习时间为 19:30～20:30

## 4.8.1　制作产品说明书文档

本例将制作一款笔记本电脑说明书，制作效果如图 4-65 所示。该说明书制作的基本思路为：设置页面大小和背景颜色→插入图片→输入段落文字并设置段落格式→绘制文本框→为文本框的文字添加项目符号。

图 4-65  笔记本电脑说明书

制作该说明书文档的具体操作步骤如下：

（1）启动 Microsoft Office Word 2007，新建一个 Word 文档，以"笔记本说明书"命名并将其保存。

（2）选择"页面布局"选项卡，在"页面设置"组中单击"纸张大小"按钮，在弹出的下拉列表框中选择 A3 选项，如图 4-66 所示。

图 4-66  设置页面大小

（3）在"页面背景"组中单击"页面颜色"按钮，在打开的下拉列表框中选择"橄榄色"色块，为页面填充橄榄色，如图 4-67 所示。

（4）选择"插入"选项卡，在"插图"组中单击"图片"按钮，在打开的"插入图片"对话框中选择要插入的图片，然后单击 插入(S) 按钮，如图 4-68 所示。

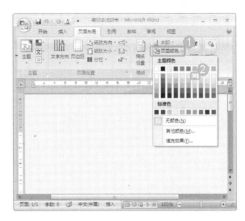

图 4-67  填充页面颜色

图 4-68  "插入图片"对话框

（5）调整插入的图片大小，然后在图片上右击，在弹出的快捷菜单中选择"文字环绕"→"浮于文字上方"命令，如图 4-69 所示。

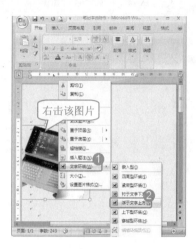

图 4-69　选择“浮于文字上方”命令

（6）在文档中产品图片下方单击一下，作为插入点，然后输入文本内容，如图 4-70 所示。

使用更容易。有多种输入选择，分成左右两排设计的QWERTY键盘，或右下边迷你版的Touchpad，可方便开启各项应用，也可直接用手指或手写笔在萤幕上触碰操作享受全新简洁操作体验。

机身萤幕集控制按键与周边设备介面一身，系统基本操作可由萤幕左方六个控制按键完成，下方五个 LED 系统输入讯号灯，手握之处的操控按键提供上下左右移动四向导航键，整体符合人体工学设计，让握感更稳固，推滑更顺手。

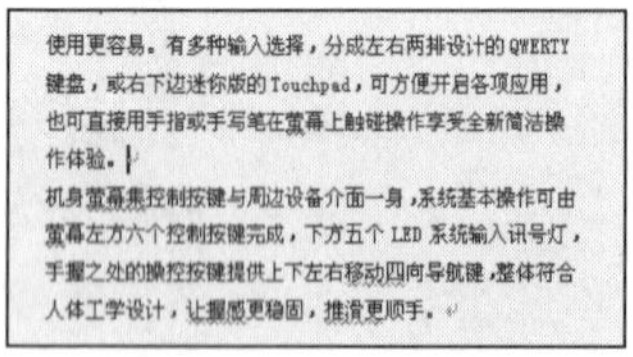

图 4-70　输入文本

（7）选中所有的文本，选择“开始”选项卡，在“字体”组中设置字体为“宋体”，字号为 12。

（8）单击“段落”组中右下角的“对话框启动器”按钮，打开“段落”对话框，默认状态下打开“缩进和间距”选项卡，在“特殊格式”下拉列表框中选择“首行缩进”选项，在“磅值”数值框中输入“2 字符”，如图 4-71 所示。

（9）在“预览”列表框中预览设置的效果，然后单击 确定 按钮，返回文档中查看段落首行缩进的效果。

（10）切换到“插入”选项卡，在“文本”组中单击“文本框”按钮，在弹出的下拉列表框中选择“绘制文本框”选项，如图 4-72 所示。

（11）当鼠标光标变为十形状时，在文档上单击，然后拖动光标绘制一个合适大小的文本框，如图 4-73 所示。

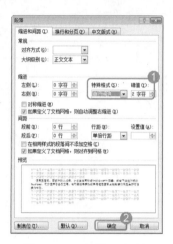

图 4-71　“段落”对话框

**指点迷津**

在“段落”对话框中对段落进行缩进设置时，每单击一次微调按钮，增加 0.5 字符，对段落进行间距设置时，每单击一次微调按钮，则调整 0.5 行。

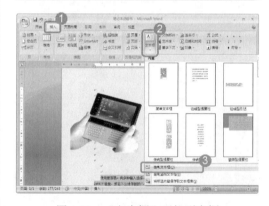

图 4-72　“文本框”下拉列表框

（12）右击绘制的文本框，在弹出的快捷菜单中选择“设置文本框格式”命令，如图 4-74 所示。

（13）打开“设置文本框格式”对话框，在“填充”栏的“颜色”下拉列表框中选择“无颜色”选项，在“线条”栏的“颜色”下拉列表框中选择“无颜色”选项，然后单击 确定 按钮，如图 4-75 所示。

图 4-73　绘制文本框

图 4-74　选择"设置文本框格式"命令

图 4-75　"设置文本框格式"对话框

（14）返回文档，在文本框中输入说明文字，如图 4-76 所示。

图 4-76　在文本框中输入文字

（15）选中文本框中的文字，在"开始"选项卡下单击"段落"组中的"项目符号"按钮，在打开的下拉列表框中的"项目符号库"栏中选择一种项目符号，如图 4-77 所示。

图 4-77　选择项目符号

（16）至此，整个笔记本产品说明书制作完成，按 Ctrl+S 组合键将其保存。

## 4.8.2　利用模板制作中文信封

在 Word 2007 的"邮件"选项卡下，在"创建"组中提供了制作信封的模板。下面利用这一功能制作一个中文信封，具体操作步骤如下：

（1）新建 Word 2007 文档，选择"邮件"选项卡，在"创建"组中单击"中文信封"按钮，如图 4-78 所示。

（2）打开"信封制作向导"对话框，单击 下一步(N) 按钮，如图 4-79 所示。

（3）打开"选择信封样式"对话框，在"信封样式"下拉列表框中选择一种需要的信封样式，然后单击 下一步(N) 按钮，如图 4-80 所示。

（4）打开"选择生成信封的方式和数量"对话框，选中 键入收信人信息，生成单个信封(S) 单选按钮，

然后单击 下一步(N)> 按钮，如图 4-81 所示。

图 4-78 单击"中文信封"按钮

图 4-79 "信封制作向导"对话框

图 4-80 选择信封样式

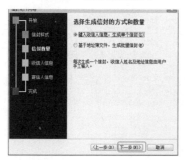

图 4-81 "选择生成信封的方式和数量"对话框

（5）在打开的对话框中准确输入收信人信息，单击 下一步(N)> 按钮，如图 4-82 所示。

（6）在打开的对话框中输入寄信人信息，单击 下一步(N)> 按钮，如图 4-83 所示。

（7）在打开的对话框中单击 完成(F) 按钮，如图 4-84 所示。

（8）返回 Word 文档，即可查看制作完成的中文信封效果，如图 4-85 所示，并可对信封文档进行修改编辑。

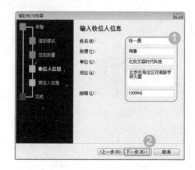

图 4-82 输入收信人信息

图 4-83 输入寄信人信息

图 4-84 信封制作完成

图 4-85 制作的信封效果

# 第5日

# Excel 2007 综合应用

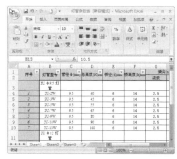

今日学习内容综述

上午：1. Excel 2007 入门知识

　　　2. 工作簿的基本操作

　　　3. 工作表的基本操作

下午：4. 单元格的基本操作

　　　5. 输入数据

　　　6. 美化单元格

超超：老师，这个数据表是用 Word 制作的吗？

越越老师：不是，是用 Office 的另一个组件 Excel 2007 制作的。Excel 2007 是专门用来制作电子表格的软件，使用它可以完成各种表格的编辑操作，功能很强大。

超超：我正想制作一个电子表格呢，您快教教我这个软件吧！

# 5.1　Excel 2007 入门知识

本节内容学习时间为 8:00～8:40（视频：第 5 日\Excel 2007 入门知识）

Excel 是由美国微软公司（Microsoft）推出的 Office 办公软件中的另一个核心组件，它是一个强大的数据处理软件。利用它不仅可以制作电子表格，还可以对其中的数据进行统计分析、创建报表或图表等，如创建工资表和销售情况表等。

## 5.1.1　Excel 2007 的工作界面

选择"开始"→"所有程序"→Microsoft Office→Microsoft Office Excel 2007 命令，启动 Excel 2007，即可看到 Excel 2007 的工作界面，如图 5-1 所示。

图 5-1　Excel 2007 的工作界面

Excel 的工作区域与 Word 相比有些差异，但并不影响 Office 通用的一些基本操作。下面将重点认识 Excel 2007 特有的部分。

### 1. 编辑栏

编辑栏主要用于显示和编辑当前活动单元格中的数据或公式，由名称框、工具框和编辑框 3 部分组成，如图 5-2 所示。

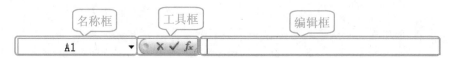

图 5-2　编辑栏

❖ 名称框：显示当前单元格的名称，第一个大写字母表示单元格的列标，第二个数字表示单元格的行号。

❖ 工具框：包括 ✕ 、✓ 、ƒx 3 个按钮，单击 ✕ 按钮取消编辑，单击 ✓ 按钮确定输入，单击 ƒx 按钮可打开"插入函数"对话框，在其中可选择要输入的函数。

❖ 编辑框：显示在单元格中输入或编辑的内容，并可在其基础上进行编辑。

### 2．单元格

工作表区中由横线和竖线分隔成的小格子就是单元格，它是 Excel 工作表最基本的组成部分，用户输入和存储的数据都显示在单元格中，所有的单元格组合在一起就构成了工作表。

### 3．行号和列标

窗口左侧的 1、2、3、4、5 等数字即为行号，而顶部的 A、B、C、D、E 等英文字母为列标，每个单元格的位置都由行号和列标共同确定。

智慧锦囊 　在 Excel 中用冒号分隔开的两个单元格表示矩形单元格区域，例如 A1：D5 表示以 A1 至 D5 为对角线的矩形单元格区域。

### 4．工作表标签

工作表标签表示工作表的名称。在默认情况下，Excel 2007 中包含 3 个工作表，即 Sheet1、Sheet2 和 Sheet3，单击工作表标签将切换成为当前工作表。工作表标签右侧的工作表翻页按钮 ◄◄ ◄ ► ►► 用于在不同的工作表之间进行切换。

## 5.1.2　工作簿、工作表和单元格的关系

工作簿是用于存储和处理数据的文件；工作表由许多规则排列的单元格组成，对数据的各种操作都在工作表中进行。

每个工作簿中包含 3 个工作表，工作表是用于存储和处理数据的具体文档，单元格是存储数据的最小单位，工作簿、工作表和单元格之间是包含与被包含的关系。

# 5.2　工作簿的基本操作

　本节内容学习时间为 9:00～10:00（视频：第 5 日\工作簿的基本操作）

工作簿是用于运算和保存数据的文件，它就像是 Word 中的文档，工作簿的基本操作包括

新建工作簿、保存工作簿、打开工作簿以及关闭工作簿等。

## 5.2.1 新建工作簿

在 Excel 2007 中，可以新建空白工作簿，还可以利用模板新建工作簿。

### 1. 新建空白工作簿

新建空白工作簿的具体操作步骤如下：

（1）单击 Office 按钮，在弹出的下拉菜单中选择"新建"命令，如图 5-3 所示。

图 5-3　选择"新建"命令

（2）打开"新建工作簿"对话框，在中间的列表框中选择"空工作簿"选项，然后单击　创建　按钮，即可创建一个默认名称为 Book1 的空白工作簿，如图 5-4 所示。

图 5-4　选择"空工作簿"选项

### 2. 根据模板新建工作簿

Excel 2007 中自带了一些工作簿模板，用户可以根据模板新建各种具有专业表格样式的工作簿，这样能够很大程度地提高工作效率。根据模板新建工作簿的具体操作步骤如下：

（1）单击 Office 按钮，在弹出的下拉菜单中选择"新建"命令，打开"新建工作簿"对话框。

（2）在对话框左侧的"模板"栏中选择"已安装的模板"选项，在中间窗格中选择所需要的模板选项，如选择"贷款分期付款"选项，然后单击　创建　按钮，如图 5-5 所示。

（3）此时即根据"贷款分期付款"模板创建了一个新工作簿，如图 5-6 所示。

图 5-5　选择所需的模板

图 5-6　创建的工作簿

**指点迷津**　使用根据模板创建的新工作簿时，只需将其中的数据替换为实际需要的内容，并将数据输入到相应的单元格中即可。

**重点提示**　直接双击要打开的工作簿图标，可以快速打开所需浏览或编辑的工作簿。

## 5.2.2　保存工作簿

工作簿进行编辑后，需要将其保存，以备以后修改或者编辑使用。保存工作簿分为保存新建工作簿、另存为工作簿和自动保存工作簿等。

### 1. 保存新工作簿

保存新工作簿的具体操作步骤如下：

（1）对工作簿编辑完毕后，单击 Office 按钮，在弹出的下拉菜单中选择"保存"命令，如图 5-7 所示。

（2）打开"另存为"对话框，设置好保存路径和文件名后，单击 保存(S) 按钮即可保存工作簿，如图 5-8 所示。

图 5-7　选择"保存"命令

图 5-8　"另存为"对话框

### 2. 另存工作簿

另存工作簿是指将已有的工作簿以其他文件名或位置进行保存，相当于制作一个原工作簿的副本。要另存工作簿，只需单击 Office 按钮，在弹出的菜单中选择"另存为"命令，打开"另存为"对话框，在其中重新指定工作簿的保存路径、文件名或类型后单击 保存(S) 按钮即可。

### 3. 自动保存工作簿

为了防止停电、死机等意外导致工作簿数据丢失的情况发生，在 Excel 2007 中可以设置自动定时保存工作簿。具体操作步骤如下：

（1）单击 Office 按钮，在弹出的下拉菜单中单击 Excel 选项(I) 按钮，如图 5-9 所示。

图 5-9　单击 Excel 选项(I) 按钮

（2）打开"Excel 选项"对话框，在该对话框左侧选择"保存"选项卡，选中 保存自动恢复信息时间间隔(A) 复选框，并在后面的数值框中输入自动保存工作簿的时间间隔 5，然后单击 确定 按钮，如图 5-10 所示。

**重点提示**　在编辑工作簿的过程中，也应该时刻注意保存，用户只需单击快速访问工具栏中的"保存"按钮即可。

图 5-10　"Excel 选项"对话框

**重点提示**　一般来说，自动保存文档的时间间隔设置为 5~10 分钟较为合适，设置时间过短，频繁地保存文档会占用大量的系统资源，从而降低工作效率；设置时间过长，一旦操作中系统出现故障或意外断电，将会造成大量操作不能及时保存，造成重复劳动。

## 5.2.3　打开工作簿

当要查看或者编辑某个工作簿的内容时，首先要打开这个工作簿。打开工作簿的操作方法如下：

（1）启动 Excel 2007 后，单击 Office 按钮，在弹出的下拉菜单中选择"打开"命令，如图 5-11 所示。

（2）在打开的"打开"对话框中选择要打开的工作簿文件，然后单击 打开(O) 按钮，即可打开所选择的工作簿文件，如图 5-12 所示。

图 5-11 选择"打开"命令

图 5-12 "打开"对话框

**指点迷津**

在 Office 下拉菜单右侧的"最近使用的文档"栏中可快速打开最近使用过的工作簿。

## 5.2.4 关闭工作簿

当完成对工作簿的编辑并保存后，就可以关闭工作簿了。关闭工作簿的具体操作步骤如下：

（1）单击 Office 按钮，在弹出的下拉菜单中选择"关闭"命令，如图 5-13 所示。

图 5-13 选择"关闭"命令

（2）如果还未保存工作簿，将弹出如图 5-14 所示的提示对话框，单击 是(Y) 按钮，保存并关闭工作簿；单击 否(N) 按钮，不保存就关闭工作簿；单击 取消 按钮，返回工作簿继续进行编辑。

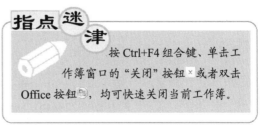

图 5-14 提示对话框

**指点迷津**

按 Ctrl+F4 组合键、单击工作簿窗口的"关闭"按钮 × 或者双击 Office 按钮，均可快速关闭当前工作簿。

# 5.3　工作表的基本操作

 本节内容学习时间为 10:30～11:30（视频：第 5 日\工作表的基本操作）

工作表是 Excel 的核心，数据的存放和处理均在工作表中进行。工作表的基本操作主要包括选择、插入、重命名、移动、复制和删除工作表等。下面分别进行讲解。

## 5.3.1　选择工作表

要对工作表进行编辑，首先要选择工作表。通常情况下选择单张工作表，有时还需要选择相邻的多张工作表、不相邻的多张工作表和工作簿中全部的工作表。

### 1. 选择单张工作表

单击工作表标签，即可选择该张工作表，选择的工作表以白底黑字显示，表示为当前工作表，可以对其进行编辑，如图 5-15 所示。

图 5-15　选择单张工作表

### 2. 选择相邻的多张工作表

如果选择相邻的多张工作表，需要单击第一张工作表标签后，按住 Shift 键，再选择最后一张工作表标签，则它们之间连续的工作表将同时被选中，如图 5-16 所示。

图 5-16　选择相邻的多张工作表

### 3. 选择不相邻的多张工作表

如果选择不相邻的多张工作表进行编辑，需要单击第一张工作表标签后，按住 Ctrl 键，再依次单击其他的工作表标签，如图 5-17 所示。

图 5-17　选择不相邻的多张工作表

### 4. 选择所有工作表

在工作表标签的任意位置右击，在弹出的快捷菜单中选择"选定全部工作表"命令即可选择工作簿中的所有工作表，如图 5-18 所示。

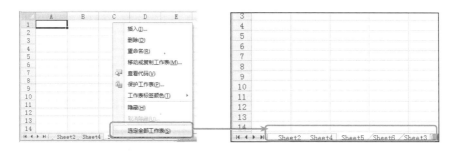

图 5-18　选择所有工作表

## 5.3.2　插入工作表

在 Excel 2007 中，一个工作簿默认生成 3 张工作表，分别为 Sheet1、Sheet2 和 Sheet3，如果需要，还可以在工作簿中插入更多的工作表。插入工作表的具体操作步骤如下：

（1）在某个工作表标签上右击，在弹出的快捷菜单中选择"插入"命令，如图 5-19 所示。

（2）在打开的"插入"对话框中选择"工作表"选项，单击 确定 按钮，如图 5-20 所示。

图 5-19　选择"插入"命令

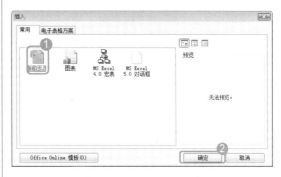

图 5-20　"插入"对话框

（3）即可插入一个工作表，如图 5-21 所示。

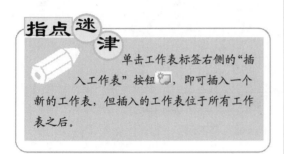

**指点迷津**

单击工作表标签右侧的"插入工作表"按钮，即可插入一个新的工作表，但插入的工作表位于所有工作表之后。

图 5-21　插入的工作表

### 5.3.3　移动和复制工作表

移动和复制工作表有两种情况：一种是在同一工作簿中移动和复制，另一种是在不同的工作簿之间移动和复制。

**1．在同一工作簿中移动和复制**

在同一工作簿中移动和复制工作表的方法较为简单，使用鼠标拖动即可。如果要移动工作表，则选择需要移动的工作表后，按住鼠标左键不放将其拖动到目标位置；如果要复制工作表，则选择要复制的工作表后，按住 Ctrl 键拖动鼠标即可，具体操作步骤如下：

（1）选择"股市数据"工作表，按住鼠标左键不放，如图 5-22 所示。

| 2 | 2008-5-4 | 20178 | 28.5 | 28.7 |
| 3 | 2008-5-3 | 21431 | 27.7 | 28.4 |
| 4 | 2008-4-30 | 34917 | 27.9 | 28.5 |
| 5 | 2008-4-29 | 39796 | 29.6 | 29.6 |
| 6 | 2008-4-28 | 29473 | 31.7 | 31.9 |

图 5-22　移动工作表（一）

（2）当鼠标变为形状时，将其拖动到 Sheet2 工作表之后释放鼠标，即可完成移动操作，如图 5-23 所示。

| 2 | 2008-5-4 | 20178 | 28.5 | 28.7 |
| 3 | 2008-5-3 | 21431 | 27.7 | 28.4 |
| 4 | 2008-4-30 | 34917 | 27.9 | 28.5 |
| 5 | 2008-4-29 | 39796 | 29.6 | 29.6 |
| 6 | 2008-4-28 | 29473 | 31.7 | 31.9 |

图 5-23　移动工作表（二）

（3）选择移动后的"股市数据"工作表，按住 Ctrl 键的同时拖动鼠标，将其拖动到 Sheet3 工作表之后释放鼠标，完成复制操作，如图 5-24 所示。

图 5-24　复制的工作表

如图 5-24 所示，复制的工作表以 股市数据（2）样式显示，用户可以根据需要进行重命名。

112

### 2. 在不同工作簿中移动和复制

在不同工作簿中移动和复制工作表就是将一个工作簿中的内容移动或复制到另一个工作簿中。具体操作步骤如下：

（1）在打开的工作簿中名称为"销售量"的工作表标签上右击，在弹出的快捷菜单中选择"移动或复制工作表"命令，如图 5-25 所示。

图 5-26　"移动或复制工作表"对话框

图 5-25　选择"移动或复制工作表"命令

（2）打开"移动或复制工作表"对话框，在"将选定工作表移至工作簿"列表框中选择"（新工作簿）"选项，如图 5-26 所示。

（3）设置好后，单击 确定 按钮将自动新建工作簿，并移动"销售量"工作表到新工作簿中，如图 5-27 所示。

图 5-27　复制工作表效果

## 5.3.4　重命名工作表

在默认情况下，工作表标签的名称为 Sheet1、Sheet2 和 Sheet3 等，为了使工作表更直观和更易于识别，可以根据需要为其重新命名。重命名工作表的具体操作步骤如下：

（1）在需要重命名的工作表标签（这里选择 Sheet1）上单击鼠标右键，在弹出的快捷菜单中选择"重命名"命令，如图 5-28 所示。

（2）此时工作表标签 Sheet1 处于可编辑状态，在其中输入新的名称，如"课程表"，然后按 Enter 键即可完成重命名操作，如图 5-29 所示。

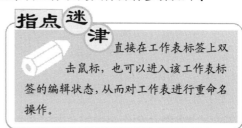

指点迷津　直接在工作表标签上双击鼠标，也可以进入该工作表标签的编辑状态，从而对工作表进行重命名操作。

图 5-28　选择"重命名"命令

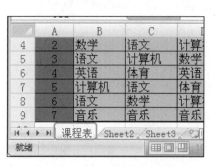

图 5-29　重命名的工作表

## 5.3.5　删除工作表

对于不再需要或者多余的工作表，可以将其删除。删除工作表的具体操作步骤如下：

（1）在要删除的工作表标签上单击鼠标右键，在弹出的快捷菜单中选择"删除"命令，如图 5-30 所示。

（2）如果工作表中存有数据，此时会弹出提示框，询问是否确定要删除，单击 删除 按钮即可删除该工作表，如图 5-31 所示。

图 5-31　提示框

图 5-30　选择"删除"命令

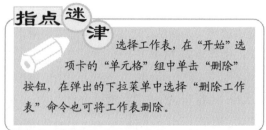

指点迷津

选择工作表，在"开始"选项卡的"单元格"组中单击"删除"按钮，在弹出的下拉菜单中选择"删除工作表"命令也可将工作表删除。

# 5.4　单元格的基本操作

本节内容学习时间为 14:00～15:00（视频：第 5 日\单元格的基本操作）

Excel 2007 中的大多数操作都是针对工作表中的单元格和单元格区域进行的，如选择单元格、移动单元格、复制和删除单元格、合并与拆分单元格以及删除单元格等，掌握对单元格的基本操作是熟练操作工作表的前提。本节将详细介绍单元格的基本操作。

## 5.4.1 选择单元格

在对单元格进行操作之前，必须先选择单元格，选择单元格的方法很多，可以选择单个单元格、连续的多个单元格和不连续的多个单元格等。下面介绍选择单元格的具体方法。

### 1. 选择单个单元格

在工作表中，如果选择一个单元格，只需直接单击需要选择的单元格即可。选择了某个单元格后，该单元格的名称将显示在名称框中，同时该单元格周围会出现粗线黑框，如图 5-32 所示。

图 5-32　选择单个单元格

### 2. 选择单元格区域

如果要对连续的多个单元格进行编辑，需要先选择目标单元格区域的第一个单元格，按住鼠标左键不放，拖动到最后一个单元格即可。如图 5-33 所示为选择 C2:E8 单元格区域示意图。

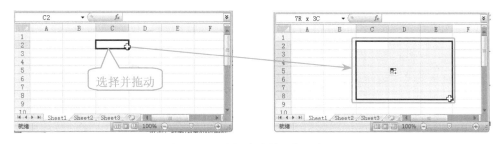

图 5-33　选择连续单元格示意图

### 3. 选择整行或者整列单元格

单击某行的行号或某列的列标即可选择整行或整列单元格，如图 5-34 和图 5-35 所示。

图 5-34　选择整行单元格

图 5-35　选择整列单元格

**重点提示**　　单击位于行号和列标交叉处的"全选"按钮 　　，可以选择整张工作表中的所有单元格。

### 4. 选择多个不连续的单元格

要选择多个不连续的单元格，可先选择一个单元格，然后按住 Ctrl 键依次选择其他单元格即可，如图 5-36 所示。

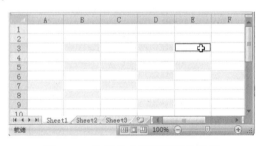

图 5-36　选择多个不连续的单元格

## 5.4.2　插入单元格

插入单元格可以插入一个空白单元格，也可以插入整行和整列单元格。插入单元格的具体操作方法如下：

（1）选择一个单元格，在其上单击鼠标右键，在弹出的快捷菜单中选择"插入"命令，如图 5-37 所示。

（2）打开"插入"对话框，选择插入单元格的方式，例如选中 ⊙活动单元格下移(D) 单选按钮，单击 确定 按钮，如图 5-38 所示。

（3）即可插入一个空白单元格，效果如图 5-39 所示。

图 5-37　选择"插入"命令

图 5-38 "插入"对话框

图 5-39 插入空白单元格效果

**指点迷津**

在图 5-38 所示对话框中分别选中 ◎整行(R) 或者 ◎整列(C) 单选按钮，可以插入整行或者整列单元格。

## 5.4.3 合并与拆分单元格

在使用 Excel 处理数据时，有时需要将某些单元格合并为一个单元格，以使该单元格区域能够适应数据内容。下面将介绍合并和拆分单元格的具体方法。

### 1. 合并单元格

合并单元格的具体操作方法如下：

（1）在打开的工作表中选择 A2:D4 单元格区域，选择"开始"选项卡，单击"对齐方式"组中的"对话框启动器"按钮，如图 5-40 所示。

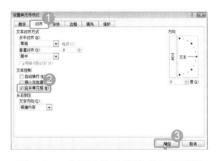

图 5-41 "设置单元格格式"对话框

图 5-40 选择要合并的单元格

（2）打开"设置单元格格式"对话框，选择"对齐"选项卡，在"文本控制"栏中选中 ☑合并单元格(M) 复选框，如图 5-41 所示。

（3）单击 确定 按钮，将选择的单元格区域合并，合并后的效果如图 5-42 所示。

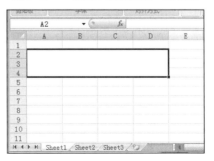

图 5-42 合并后的效果

选择需要合并的单元格后，在单元格上单击鼠标右键，在弹出的快捷菜单中选择"设置单元格格式"命令，也可打开"设置单元格格式"对话框。

### 2. 拆分单元格

拆分单元格就是将合并后的单元格拆分，方法为：选择合并后的单元格，打开"设置单元格格式"对话框，取消选中 □合并单元格(M) 复选框，然后单击 确定 按钮，即可将选择的单元格拆分为合并前的几个单元格。

## 5.4.4　删除单元格

删除单元格就是将当前的单元格删除。具体操作步骤如下：

（1）选择要删除的单元格，使其成为活动单元格，在"单元格"组中单击"删除"按钮，在弹出的下拉列表框中选择"删除单元格"选项，如图 5-43 所示。

（2）打开"删除"对话框，选中 ⊙下方单元格上移(U) 单选按钮，单击 确定 按钮，如图 5-44 所示。

图 5-44　"删除"对话框

（3）将单元格中的数据删除，同时下面单元格中的内容向上移动。

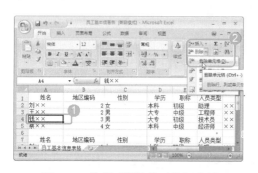

图 5-43　选择"删除单元格"选项

**指点迷津**　删除单元格、行或列后，表中的其他单元格、行或列将自动上移或左移，如果单元格中包含数据，也会自动随单元格进行移动。

## 5.4.5　清除单元格

清除单元格与删除单元格不同，清除单元格只是删除单元格中的内容、格式或批注等，单元格本身还存在，其方法是：选取要清除的单元格，然后单击"编辑"组中的"清除"按钮，在弹出的菜单中选择所需的命令即可，如图 5-45 所示。

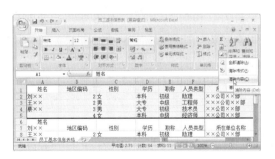

图 5-45　清除单元格

# 5.5　输入数据

本节内容学习时间为 15:30～16:20（视频：第 5 日\输入数据与美化表格）

输入数据是一项十分重要的工作，表格中的数据类型主要包括文本、数字、特殊符号以及时间和日期 4 类。在输入一些有规律的数据时，利用 Excel 提供的特殊输入方法会极大地提高工作效率，而且也保证了数据输入的正确性。

## 5.5.1　输入文本

输入文本的方法非常简单，直接双击需输入文本的单元格，插入文本插入点，然后在单元格中输入所需的数据，输入完成后，按 Enter 键或单击其他单元格即可。如图 5-46 所示为直接在单元格中输入文本的示意图。

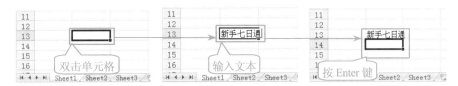

图 5-46　输入文本示意图

**重点提示**　如果输入的文本超过了单元格的宽度，将显示到后面的单元格中；如果后面的单元格中也有数据，则超出的部分文本将不能显示出来，但它实际上仍然存在于该单元格中。

## 5.5.2　输入数值

数值的输入可采用普通计数法和科学计数法。例如，输入 5065875 可在单元格中直接输

第 5 日

入 5065875，也可以输入 5.065875E6。常见的数值包括正数、小数和正负数等，有的数值前面还带有 "%" 和 "￥" 等符号。

输入数值时的注意事项如下：

❖ 输入正数时，前面的 "+" 符号可以省略；输入负数时，前面要加 "-" 符号，也可用（）表示负数，例如输入-500，也可输入（500）。

❖ 输入数值时，可以使用分节号，例如输入 214,668,223。

❖ 在单元格中输入数值后，数值一般将自动靠右对齐。若在输入数值之前输入一个英文状态的单引号 "'"，然后再输入数值，可将数值的对齐方式转换为文本型数据对齐方式，即左对齐方式。

在单元格中输入小数时，可以在 "设置单元格格式" 对话框中设置小数的位数，具体操作步骤如下：

（1）选择要输入小数的单元格区域，如 C3:C6，选择 "开始" 选项卡，单击 "单元格" 组中的 "格式" 按钮，在弹出的下拉菜单中选择 "设置单元格格式" 命令，如图 5-47 所示。

图 5-48 设置数值格式

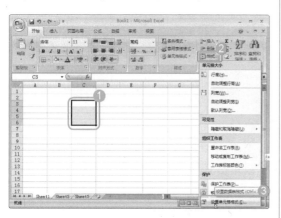

图 5-47 选择 "设置单元格格式" 命令

（2）打开 "设置单元格格式" 对话框，在 "分类" 列表框中选择 "数值" 选项，在右侧的 "小数位数" 数值框中输入 3，单击 确定 按钮，如图 5-48 所示。

（3）在选定单元格区域输入小数后的效果如图 5-49 所示。

图 5-49 输入的小数

在单元格中输入的小数末尾不够 3 位的，系统将自动补齐到 3 位。

智慧锦囊　当需要输入货币符号时，只需在 "设置单元格格式" 对话框中选择 "数字" 选项卡，然后选择 "货币" 选项，在 "货币符号（国家/地区）" 下拉列表框中选择需要的货币符号，设置完成后，单击 确定 按钮输入即可。

### 5.5.3 输入特殊符号

在制作 Excel 电子表格时，有时需要输入一些特殊符号，如"∑"和"※"等，这些符号在输入法中难以输入，但在 Excel 2007 中可以轻松输入。具体操作方法如下：

（1）选择要插入特殊符号的单元格，选择"插入"选项卡，单击"特殊符号"组中的"符号"按钮，在弹出的下拉列表框中选择需要的特殊符号，如选择符号"§"，如图 5-50 所示。

（2）若下拉列表框中没有需要的特殊符号，可单击下拉列表框中的"更多"按钮，打开"插入特殊符号"对话框，选择需要的特殊符号，如选择符号"♂"，单击 确定 按钮，如图 5-51 所示。

（3）插入特殊符号后的效果如图 5-52 所示。

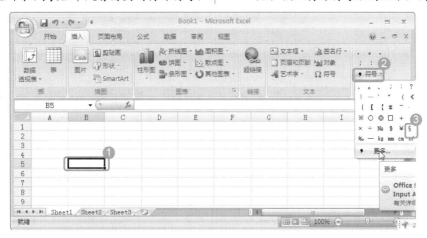

图 5-50  选择所需的特殊符号

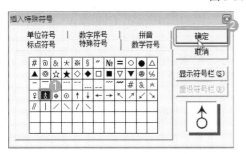

图 5-51  "插入特殊符号"对话框

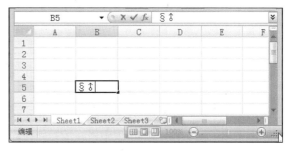

图 5-52  插入的特殊符号

### 5.5.4 输入日期和时间

Excel 为日期和时间规定了严格的输入格式，常用的日期格式一般可以使用"/"或者"-"来分隔年、月、日。例如，输入 2008 年 7 月 1 号，可以输入 2008/7/1，也可以为 2008-7-1；输入时间时，常用冒号将时和分分隔开。例如输入 10 点 20 分。则应输入 10:20。

工作表中日期和时间的显示方式取决于所在单元格中对日期和时间显示格式的设置。例如在"股价图表"工作表中设置日期格式为2008-1-4，具体操作步骤如下：

（1）打开"股价图表"工作表，选择A2：A11单元格区域，选择"开始"选项卡，单击"单元格"组中的"格式"按钮，在弹出的下拉菜单中选择"设置单元格格式"命令，如图5-53所示。

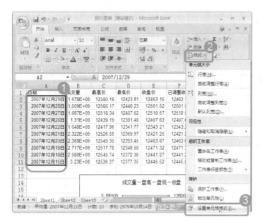

图 5-53　选择单元格

（2）打开"设置单元格格式"对话框，在"分类"列表框中选择"日期"选项，在右侧的"类型"框中选择日期格式类型，然后单击  按钮，输入的日期效果如图5-54所示。

（3）被选择的单元格中的日期将自动变为 "2001/3/14"格式，单击"确定"按钮，如图5-55所示。

图 5-54　输入的日期效果

图 5-55　日期的格式

> 如果要输入当天日期，按 Ctrl+; 组合键，系统会自动输入当天的日期；如果要输入当前的时间，按 Shift+Ctrl+; 组合键，系统会自动输入当前时间。
>
> **重点提示**

## 5.5.5　快速填充数据

在制作电子表格时，常常需要输入一些相同的数据或者有规律的数据，如单位、日期和编号等，若手工逐个输入，既费时又费力。Excel 2007 提供的数据填充功能可以很好地解决这个问题，不仅大大提高了工作效率，而且能够有效地减少输入错误。下面介绍快速填充数据的方法。

### 1．通过对话框填充

在输入大量有规律的数据（如等差或等比数列）时，可以通过"序列"对话框输入数据，输入方法快捷，而且数据不会出错。具体操作步骤如下：

（1）打开"销售量"工作簿，在单元格 B2 中输入"6月"，按 Enter 键确认。

（2）选择"开始"选项卡，单击"编辑"组中的"填充"按钮，在弹出的下拉菜单中选择"系列"命令，如图 5-56 所示。

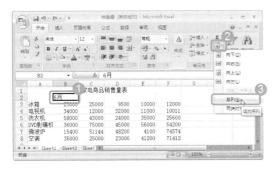

图 5-56 选择"系列"命令

（3）打开"序列"对话框，选中 ⊙ 行(R) 单选按钮，设置序列在行上产生；在"类型"栏中选中 日期(D) 单选按钮；在"日期单位"栏中选中 ⊙ 月(M) 单选按钮，在"步长值"文本框中输入 1；在"终止值"文本框中输入 6，单击 确定

按钮，如图 5-57 所示。

图 5-57 "序列"对话框

（4）在 B2:G2 单元格区域已自动填充了数字，如图 5-58 所示。

图 5-58 填充数据的效果

### 2. 通过控制柄填充

在 Excel 中可以利用拖动控制柄的方式快速输入相同或者具有一定规律的数据，如连续的序号、月份和学生的学号等。

下面以在"工资明细表"的 A 列中输入 100 个员工的连续序号 2007001~2007100 为例，讲解使用控制柄输入数据的方法，具体操作步骤如下：

（1）打开"工资明细表"工作表，在单元格 A3 中输入 2007001，在单元格 A4 中输入 2007002，如图 5-59 所示。

图 5-59 输入数据

（2）在单元格 A3 中单击并向下拖动鼠标到

A4，即可同时选中单元格 A3 和 A4。

（3）将鼠标光标移动到单元格 A4 右下角的黑色小方块上，直到出现一个黑色十字形光标时单击并向下拖动鼠标，如图 5-60 所示。

图 5-60 拖动复制手柄

（4）释放鼠标，在 A5 单元格中出现数据 20071003，A6 单元格中出现数据 20071004，继续拖动鼠标，直到所需的数据都产生为止，如图 5-61 所示。

图 5-61　填充后的效果

**指点迷津**　单击填充数据后出现的"自动填充选项"按钮，在弹出的菜单中选择相应的命令可执行更多的操作。

# 5.6　美化单元格

本节内容学习时间为 16:30～17:10（视频：第 5 日\输入数据与美化表格）

为了使表格中的数据更加清晰明了，美观实用，通常要对单元格进行格式设置，包括设置字体、对齐方式、边框、背景和图案等。下面分别进行讲解。

## 5.6.1　设置文字格式

Excel 工作表中默认的字号为 11，字体为"宋体"，通过更改单元格中文字的格式可以达到美化单元格的效果。

设置文字格式的方法为：选择需要设置字体的单元格或单元格区域，在"开始"选项卡下单击"字体"组中的"对话框启动器"按钮，打开"设置单元格格式"对话框，在"字体"选项卡下可以对字体格式进行详细的设置，如图 5-62 所示。

图 5-62　"设置单元格格式"对话框

## 5.6.2　设置单元格对齐格式

如果单元格中的内容参差不齐，会影响整体表格的外观，通过设置工作表中数据的对齐方式可以使工作表看起来整齐有序。设置单元格对齐方式的具体操作步骤如下：

（1）打开"工资明细表"工作簿，选择 A2:I12 单元格区域，如图 5-63 所示。

图 5-63　选择单元格区域

（2）单击"字体"组中的"对话框启动器"按钮，打开"设置单元格格式"对话框，选择"对齐"选项卡，在"水平对齐"和"垂直对齐"下拉列表框中分别选择"居中"选项，单击 确定 按钮，如图 5-64 所示。

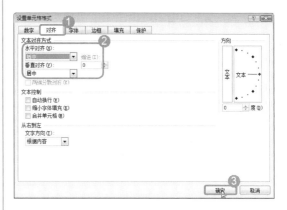

图 5-64　设置对齐方式

（3）设置对齐方式后的效果如图 5-65 所示。

| 序号 | 姓名 | 职称 | 基本工资 | 伙食补助 | 奖金 | 扣除 | 税前工资 |
|---|---|---|---|---|---|---|---|
| 2007001 | 肖枫 | 实习生 | 400 | 100 | 100 | 10 | 590 |
| 2007002 | 曹丽 | 实习生 | 400 | 100 | 100 | 0 | 600 |
| 2007003 | 冉冉 | 助工 | 600 | 100 | 200 | 10 | 890 |
| 2007004 | 俞桓 | 助工 | 600 | 100 | 200 | 0 | 900 |
| 2007005 | 赵远 | 助工 | 600 | 100 | 300 | 25 | 975 |
| 2007006 | 李华 | 助工 | 600 | 100 | 300 | 25 | 975 |
| 2007007 | 韩河 | 高工 | 800 | 200 | 600 | 0 | 1600 |
| 2007008 | 高飞 | 高工 | 800 | 200 | 600 | 0 | 1600 |
| 2007009 | 赖兰 | 高工 | 800 | 200 | 700 | 50 | 1650 |
| 2007010 | 严山 | 工程师 | 1000 | 200 | 800 | 15 | 1985 |

图 5-65　设置对齐方式后的效果

**重点提示**　　选中表格中要设置对齐方式的单元格，在"开始"选项卡下单击"对齐方式"组中的相应工具按钮也可以进行设置。

## 5.6.3　设置单元格边框和底纹

为单元格设置边框可使制作的表格轮廓更加清晰，更具整体感和层次感；设置单元格底纹颜色，可以增强视觉效果。设置单元格边框和底纹的具体操作步骤如下：

（1）打开一个工作表，选择要设置边框的单元格，这里选择 B3:H13 单元格区域。

（2）打开"设置单元格格式"对话框，选择"边框"选项卡，在"样式"列表框中选择一种边框线样式，然后单击"内部"按钮；在"样式"列表框中选择一种边框线样式，然后单击"外部"按钮，如图 5-66 所示。

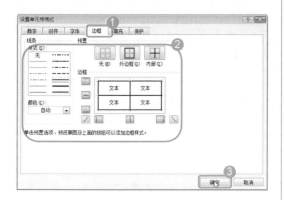

图 5-66 "设置单元格格式"对话框（一）

（3）设置完成后单击 确定 按钮，则设置的边框效果如图 5-67 所示。

图 5-67 设置边框后的效果

（4）选择要设置底纹的单元格，这里选择 A1：A13 单元格区域，在"设置单元格格式"对话框中选择"填充"选项卡，在"背景色"栏中选择所需的颜色，单击 确定 按钮，如图 5-68 所示。

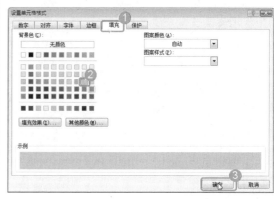

图 5-68 "设置单元格格式"对话框（二）

（5）选择 A1:A13 单元格区域，使用同样的方法设置底纹颜色，则设置底纹后的效果如图 5-69 所示。

图 5-69 设置底纹后的效果

# 5.7 本 日 小 结

 本节内容学习时间为 19:00～19:20

Excel 2007 是 Office 2007 的另一核心组件，今天主要讲解了以下几个方面的内容：

（1）Excel 2007 的一些基础知识，包括其工作界面以及工作簿、工作表、单元格的一些基础操作。

（2）在工作表中输入数据，并对其中的文本、数据以及单元格进行格式设置，使其更加美观，如设置文本格式、对齐方式以及为单元格设置边框、底纹等。

今天所讲解的内容是关于 Excel 2007 最基础的知识，还有很多知识点没有涉及，如对表格中的数据进行排序、筛选、分类汇总等操作以及创建数据透视图与数据透视表等。希望读者通过今天的学习，能够做到举一反三，在实际工作中灵活运用。

本节内容学习时间为 19:30～20:30

### 5.8.1　制作销售报表

在本例中将创建一个公司员工评审表并对其进行美化，最终效果如图 5-70 所示。具体操作步骤如下：

图 5-70　要创建的表格与图表

（1）启动 Excel 2007 后，新建一个名称为"2007 年公司员工评审表"的工作簿。

（2）在工作表中选择 A1：E12 单元格区域，在"开始"选项卡下单击"对齐方式"组中的"对话框启动器"按钮，如图 5-71 所示。

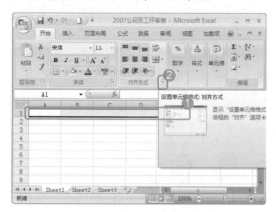

图 5-71　选择要合并的单元格

（3）打开"设置单元格格式"对话框，选择"对齐"选项卡，选中☑合并单元格(M) 复选框，然后单击 ▢确定 按钮，如图 5-72 所示。

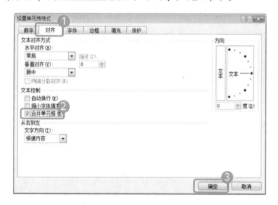

图 5-72　"设置单元格格式"对话框

（4）完成单元格的合并后，在各单元格中输入所需内容，效果如图 5-73 所示。

（5）设置各单元格中内容的格式及对齐方式，并适当调整行高和列宽，设置后的效果如图 5-74 所示。

（6）为 A1:E12 单元格区域添加边框并为相关区域添加底纹，设置后效果如图 5-75 所示。

（7）选中 A1:E12 单元格区域，选择"插入"选项卡，单击"图表"组中的"柱形图"下拉按钮，在弹出的下拉列表框中选择"三维簇状柱形图"选项，如图 5-76 所示。

图 5-73　输入内容

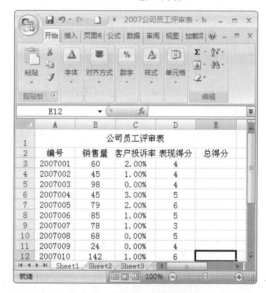

图 5-74　设置单元格格式

| | A | B | C | D | E |
|---|---|---|---|---|---|
| 1 | 公司员工评审表 | | | | |
| 2 | 编号 | 销售量 | 客户投诉率 | 表现得分 | 总得分 |
| 3 | 2007001 | 60 | 2.00% | 4 | |
| 4 | 2007002 | 45 | 1.00% | 4 | |
| 5 | 2007003 | 98 | 0.00% | 4 | |
| 6 | 2007004 | 45 | 3.00% | 5 | |
| 7 | 2007005 | 79 | 2.00% | 6 | |
| 8 | 2007006 | 85 | 1.00% | 5 | |
| 9 | 2007007 | 78 | 1.00% | 3 | |
| 10 | 2007008 | 68 | 0.00% | 5 | |
| 11 | 2007009 | 24 | 0.00% | 4 | |
| 12 | 2007010 | 142 | 1.00% | 6 | |

图 5-75　添加边框和底纹

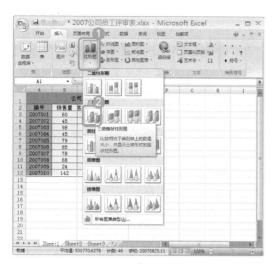

图 5-76　选择要创建图表的单元格区域

（8）选择"设计"选项卡，单击"图表布局"组中的"布局 1"图表，即可得到如图 5-77 所示的效果。

图 5-77　创建的图表

## 5.8.2　公式的具体使用

在办公应用中，经常需要使用公式对某些数据进行计算、分析、统计，下面将以计算某公司员工的月工资为例，介绍公式在实际工作中的应用。具体操作步骤如下：

（1）打开"蓝天公司员工工资表"工作簿，选择 G3 单元格。

（2）单击编辑栏，将插入点定位到其中，然后输入"="符号，如图 5-78 所示。

| 序号 | 姓名 | 职位 | 基本工资 | 提成 | 奖金 | 实发工资 | | | |
|------|------|------|----------|------|------|----------|--|--|--|
| 001 | 肖莹 | 经理 | 2000 | 1500 | 500 | = | | | |
| 002 | 张伟 | 经理 | 2000 | 1200 | 500 | | | | |
| 003 | 吴坤 | 经理 | 2000 | 1000 | 500 | | | | |
| 004 | 吴超 | 经理 | 2100 | 1600 | 500 | | | | |
| 005 | 魏聪 | 职员 | 1800 | 500 | 300 | | | | |
| 006 | 刘欢欢 | 职员 | 1800 | 500 | 300 | | | | |
| 007 | 周颖 | 职员 | 1400 | 600 | 300 | | | | |
| 008 | 刘环环 | 职员 | 1400 | 600 | 300 | | | = | |

图 5-78　选择单元格并输入"="

（3）单击 D3 单元格，在编辑栏中输入"+"运算符，然后单击 E3 单元格，输入"+"运算符，再单击 F3 单元格，此时编辑栏及单元格中将显示公式"= D3+ E3+ F3"，如图 5-79 所示。

图 5-79　输入公式

（4）输入完成后按 Enter 键，G3 单元格中即显示出计算的结果，如图 5-80 所示。

（5）再次选择 G3 单元格，将鼠标指针移至 G3 单元格的右下角，当指针变为 ✚ 形状时向下拖动鼠标到 G14 单元格，释放鼠标后即可看

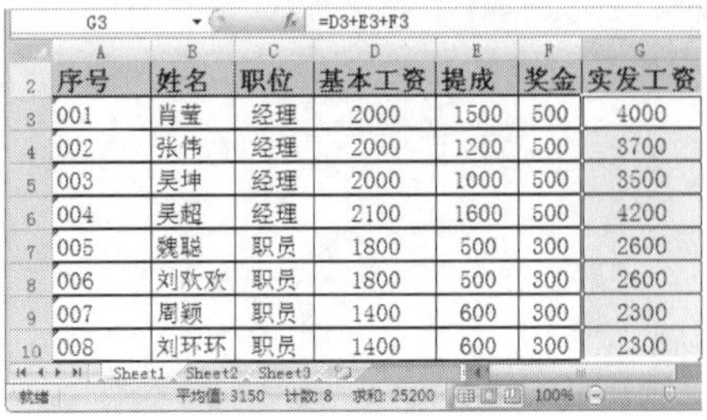

到 G3：G14 单元格已经应用了公式并显示计算结果，如图 5-81 所示。

图 5-80　计算出结果

图 5-81　复制公式

# 第6日

## 畅游网络世界

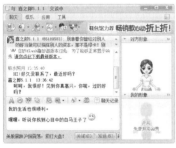

今日学习内容综述

上午：
1. Internet 基础知识
2. 认识 IE 浏览器——IE7.0
3. 电子邮件的使用
4. 网络聊天

下午：
5. 网络游戏
6. 网络视听
7. 网上购物

超超：老师，听说在网上可以写信、听歌，还可以买东西，是真的吗？

越越老师：呵呵，当然是真的，网络资源是最丰富的，如今，网络和人们的生活已经密切相关了。

超超：我也很向往网络，快点教我一些网络知识吧！

# 6.1　Internet 基础知识

 本节内容学习时间为 8:00～9:00

当今世界是一个网络世界，网络的应用已渗入到生活的方方面面，Internet 目前已成为世界上信息资源最丰富的公共网络，被认为是未来的全球信息高速公路的雏形和基础。下面介绍 Internet 的基础知识。

## 6.1.1　认识 Internet

Internet 即因特网，是"国际信息互联网"的简称，它是由分布在全球的不计其数的电脑网络互联起来形成的一个全球性公共网络，无论电脑或者网络位于世界的哪个地方、规模如何、属于何种类型，只要遵守 Internet 的网络通信协议，就可以加入到 Internet 中，分享网络资源的各种信息和服务，为人们的日常生活和工作提供帮助。

Internet 发展到今天，已经不再仅仅是信息传输的媒介，而是发展成了世界上信息资源最丰富的电脑网络，它把人类带入了一个信息化的时代。通过 Internet 人们可以浏览新闻、查询资料信息、下载网络资源、收发电子邮件、网上交友、购物、炒股、发布信息和娱乐等。

## 6.1.2　常见的上网方式

通常所说的"上网"就是进入 Internet，把电脑连接到 Internet 的方法有很多，其中较为常用的有专线上网和拨号上网两种。

### 1．专线上网

专线上网适合于大中型企业或网吧，该上网方式需向电信部门或 Internet 服务提供商（ISP）租用一条上网专线，并申请 IP 地址和注册域名。目前，DDN、ISDN、ATM 和 ADSL 等统称为专线上网，该上网方式传输速度快、线路稳定并且专线 24 小时开通，但费用较高。专线上网连接示意图如图 6-1 所示。

一般将传输速度大于 500Kbps 的上网方式称为宽带上网。

图 6-1　专线上网连接示意图

## 2．拨号上网

拨号上网适用于普通家庭、个人或业务量较小的单位。实现拨号上网需要的条件为：一台电脑、一个调制解调器、一条电话线和一个入网账号。该上网方式投资低、实现容易，但是网速较慢。拨号上网的连接示意图如图 6-2 所示。

图 6-2　拨号上网连接示意图

**重点提示**　现今新兴一种上网方式为无线上网，该方式适合经常出门在外而又时刻离不开网络的人群。用户只需为电脑安装一个无线网卡，同时电脑所处的位置在网络服务信号覆盖的区域，就可以连接到 Internet 上。

## 6.1.3　Internet 中的常用术语

Internet 中有许多常用术语，如 WWW、URL、TCP/IP 地址和防火墙等。上网之前了解这些术语能够更加得心应手地畅游 Internet 网络世界，而且对以后的学习也将有所帮助。

### 1．WWW

WWW 是 World Wide Web 的缩写，又被称为"万维网"，它是基于超文本的交互式信息浏览检索工具，用户通过它可以在 Internet 上浏览、传送和编辑超文本格式的文件。

WWW 具有高度集成的特性，它可以把各种类型的信息和服务整合在一起，提供丰富多彩的图形用户界面。

### 2．URL

URL 是 Uniform Resource Locator 的缩写，即"统一资源定位符"，也就是通常所说的网址，用来标识 Internet 中的某一个资源。例如 http://www.TOM.com/main/index.htm，就是一个典型的 URL 地址，它包括 4 部分："http://"表示用户访问的 Internet 资源的类型；"www.TOM.com"表示要访问页面所在的服务器域名；"/main"表示要访问资源的服务器所提供的相应的端口号；"/index.htm"表示服务器上某资源的具体位置。

### 3．TCP/IP 协议和 IP 地址

TCP/IP 协议由传输控制协议 TCP 和网际协议 IP 两个协议组成，它是 Internet 的基础，是网络中使用的基本通信协议，其特点是成本较低且能够在多个不同的电脑间提高可靠性的

通信。

IP 地址是每一个 Internet 用户所拥有的全球唯一地址，用户之间通过 IP 地址在网络上传递信息，就如同我们日常生活中的门牌号码一样，别人可以通过此地址找到要访问对象的位置。

### 4. 浏览器

浏览器是接受用户的信息请求，并到相应的网站获取网页内容的专业软件，其中常见的浏览器为 Microsoft 公司的 Internet Explorer( 简称 IE )、Netscape 公司的 Netscape Navigator 和腾讯公司的 TT 浏览器。

### 5. 上传和下载

上传和下载是在互联网上传输文件的专门术语。上传是指用户把电脑上的文件复制到远程电脑上，而下载是指用户从某台远程电脑上复制文件到自己的电脑上。

## 6.2　认识 IE 浏览器——IE7.0

 本节内容学习时间为 9:10～10:00（视频：第 6 日\IE 浏览器的使用）

IE 浏览器的全称为 Internet Explorer 浏览器，是 Windows Vista 操作系统自带的一种应用程序，它是通向 Internet 的桥梁。

### 6.2.1　启动与退出 IE 浏览器

#### 1. 启动 IE 浏览器

当 Windows Vista 操作系统安装完成后，就可以使用 IE 浏览器了。启动 IE 浏览器有以下两种常用方法：

❖ 双击桌面上的 Internet Explorer 快捷图标，如图 6-3 所示。
❖ 单击任务栏"快速启动区"中的图标，如图 6-4 所示。

图 6-3　从桌面图标启动　　　　　　　　　　图 6-4　从任务栏启动

#### 2. 认识 IE 浏览器窗口

启动 IE 浏览器后，可以看到其窗口界面主要由标题栏、工具栏、地址栏、链接栏和浏览区等组成，如图 6-5 所示。其中各组成部分的功能如下。

图 6-5　IE 浏览器工作界面

❖ 地址栏：地址栏中显示当前网页的网址，在该栏中输入要浏览网站的网址，然后按 Enter 键，或者单击地址栏右边的 ❫ 按钮，在弹出的下拉列表框中选择某个网址，均可以快速打开该网站。

❖ 搜索栏：在该下拉列表框中输入要搜索的内容，然后按 Enter 键或单击 🔍 按钮，可在默认搜索网站中查找相关内容，并显示在网页浏览区中。单击下拉列表框后的 ❫ 按钮，可在弹出的下拉列表框中对搜索选项进行详细设置。

❖ 工具栏：位于地址栏的下方，包含了网页选项卡标签和浏览网页时最常用到的工具按钮。当打开某个网页时，会在工具栏中显示对应的选项卡标签，在同一个 IE 浏览器窗口中允许打开多个网页，因此也会相应地出现多个选项卡标签，单击相应的选项卡标签可以在各个网页间进行切换。

❖ 浏览区：是 IE 浏览器的主要组成部分，所有的网页信息都显示在该区域中，如图像、声音、文字和视频等。

**重点提示**　当网页内容较多时，在浏览窗口的右侧或下方将出现滚动条，此时只需用鼠标拖动某个滚动条，即可浏览窗口中的其他内容。

### 3. 退出 IE 浏览器

退出 IE 浏览器的操作很简单，单击 IE 浏览器右侧的"关闭"按钮■，即可退出 IE 浏览器，如图 6-6 所示。

图 6-6  单击"关闭"按钮

## 6.2.2  浏览网页

IE 浏览器最常用的功能就是浏览网页，浏览网页首先要在浏览器中打开网页，可以通过地址栏和超链接两种方式浏览网页。

### 1. 通过地址栏浏览网页

在 IE 浏览器的地址栏中输入网站的网址，就可以在浏览器窗口中打开该网站并浏览网页了。具体操作步骤如下：

（1）打开 IE 浏览器，单击地址栏，然后按 Delete 键将地址栏中的内容清除，如图 6-7 所示。

图 6-7  清除地址栏内容

图 6-8  输入网址

（2）在地址栏中输入需要访问网站的网址，如 www.tom.com，如图 6-8 所示。

（3）输入网址后按 Enter 键或单击地址栏右侧的 按钮，即可打开输入网址对应网站的首页，如图 6-9 所示。

图 6-9  TOM 网站首页

**2．通过超链接浏览网页**

超链接是网页中的重要元素，当鼠标光标移到网页中的超链接上时，鼠标指针将变为 形状，此时单击鼠标将打开该超链接页面，如图 6-10 所示。

图 6-10　通过超链接浏览网页

## 6.2.3　IE 浏览器的设置

对 IE 浏览器的设置主要包括默认主页设置和安全级别设置等。下面分别进行讲解。

**1．设置 IE 浏览器主页**

当浏览某一个网站时，输入该网站的地址后，打开的第一个页面便是该网站的主页。用户可以根据自己的爱好设置自己喜欢的网页为主页。具体操作步骤如下：

（1）打开 IE 浏览器，选择"工具"→"Internet 选项"命令，如图 6-11 所示。

图 6-11　打开 IE 浏览器

（2）打开"Internet 选项"对话框，在"常规"选项卡中的"地址"文本框中输入要设置为默认主页的地址，如输入"http://www.sohu.com"，

如图 6-12 所示。

（3）单击　确定　按钮完成主页设置，当打开 IE 浏览器时将自动连接该网址。

图 6-12　设置默认主页

**2．设置 IE 浏览器安全级别**

目前有许多木马和病毒很容易通过 Internet 进入个人电脑中，因此使用 IE 浏览器浏览资

源时，安全问题需要重视。用户可以通过设置 IE 浏览器的安全级别来保护自己的电脑。具体操作步骤如下：

（1）打开"Internet 选项"对话框，选择"安全"选项卡，选择不同区域的 Web 内容，这里选择 Internet 选项，然后单击 自定义级别(C)... 按钮，如图 6-13 所示。

图 6-13 "安全"选项卡

（2）打开"安全设置-Internet 区域"对话框，

在"重置为"下拉列表框中设置 IE 浏览器的安全级别，如选择"高"选项，然后单击 确定 按钮，如图 6-14 所示。

图 6-14 选择安全级别

（3）返回"Internet 选项"对话框，单击 确定 按钮即可完成设置。

### 3. 删除浏览的历史记录

在 IE 浏览器的地址栏中输入网址进入网站后，IE 浏览器将自动记录访问过的网站，以备下次上网时快速访问，这虽然方便了用户进行网上冲浪，但同时也留下了安全隐患，若不想显示浏览过的网页记录，可以将其删除。具体操作步骤如下：

（1）打开"Internet 选项"对话框，选择"常规"选项卡，在"浏览历史记录"栏中单击 删除(D)... 按钮，如图 6-15 所示。

图 6-15 "Internet 选项"对话框

（2）打开"删除浏览的历史记录"对话框，在"历史记录"栏中单击 删除历史记录(H)... 按钮，如图 6-16 所示。

图 6-16 "删除浏览的历史记录"对话框

（3）打开提示对话框，直接单击 是(Y) 按钮，如图 6-17 所示。

图 6-17　提示对话框

　在"Internet 选项"对话框中选择"内容"选项卡，可以限制浏览内容；选择"高级"选项卡，可以对 IE 浏览器进行高级设置。

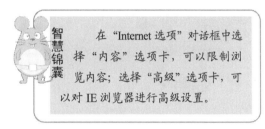

（4）返回"Internet 选项"对话框，单击 确定 按钮即可。

## 6.2.4　网上资源搜索

### 1. 通过 IE 浏览器搜索

IE 浏览器自带有搜索功能，使用它可以很轻松地找到需要浏览的信息。下面以搜索"2008 奥运会"为例讲解搜索信息的方法，具体操作步骤如下：

（1）打开 IE 浏览器，在搜索栏中输入需要查找内容的关键词，如输入"2008 奥运会"，然后按 Enter 键，如图 6-18 所示。

图 6-18　在搜索栏中输入内容

（2）稍后在打开的网页中将显示出与搜索条件相符合的内容列表，如图 6-19 所示。

图 6-19　搜索到的信息

（3）拖动滚动条查看所需的内容，单击其中的任一超链接将打开相关网页。

### 2. 使用搜索引擎搜索

目前常用的搜索引擎有百度、Google、雅虎、新浪以及搜狗等，使用它们搜索的范围更大，搜索的结果也更多。

下面以在"百度"网站中搜索"笔记本电脑"的相关网页为例介绍搜索引擎的使用方法，具体操作步骤如下：

（1）打开 IE 浏览器，在地址栏中输入"www.baidu.com"，按 Enter 键打开"百度"网站首页，然后在文本框中输入"笔记本电脑"，单击 百度一下 按钮，如图 6-20 所示。

（2）在页面中将列出与"笔记本电脑"相关的搜索结果，如图 6-21 所示。

图 6-20　输入关键字

图 6-21　搜索结果

（3）单击所需的超链接即可快速打开对应的网页，如图 6-22 所示。

图 6-22　单击超链接打开网页

**指点迷津**　在"百度"首页单击"贴吧"超链接，可进入"百度贴吧"与志同道合的朋友交流思想；单击"知道"超链接，可进入"百度知道"提出问题，将会有很多的热心网友回答您的问题。

# 6.3　电子邮件的使用

本节内容学习时间为 10:10～11:00（视频：第 6 日\电子邮件的使用）

电子邮件又称 E-mail，是 Internet 的"邮政局"，享有"网上鸿雁"的美誉。使用电子邮件可以传送文本、图片、声音、视频、动画以及程序等多种类型的文件，目前已成为人们通过 Internet 传递信息的首选方式。

## 6.3.1　认识电子邮箱

普通的信件放在邮局的邮箱中，而电子邮件存放在电子邮箱中，不过电子邮箱是摸不着的。发件人和收件人必须具有电子邮箱地址才可以进行邮件的发送。每一个电子邮箱地址都有固定的格式，如 xy_fly1981@163.com，其中"xy_fly1981"是邮箱账户名称；"@"是邮

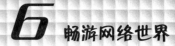

箱地址连接符；"163.com"是电子邮箱服务器的域名。注意，电子邮箱在使用前必须先申请。

## 6.3.2 申请电子邮箱

要收发电子邮件，必须先申请电子邮箱，现在很多网站都提供免费的电子邮箱服务，随着免费邮箱的不断升级，其容量也越来越大。下面以在网易网站中申请电子邮箱为例，讲解如何申请免费邮箱，具体操作步骤如下：

（1）打开 IE 浏览器，在地址栏中输入网址"http://mail.163.com"，按 Enter 键进入网易电子邮件服务页面，单击网页上的 注册 按钮，如图 6-23 所示。

图 6-23 网易邮件服务页面

（2）进入"网易通行证"注册页面，根据提示填写完注册资料后，单击 注册帐号 按钮，如图 6-24 所示。

邮箱名的长度必须是 4~16 个字符，可以是英文小写字母、数字或下划线，但不能全部是数字；另外，为了保证邮箱的安全性，密码的设置最好不使用有规律的数字或字母，同时不要过于简单。

图 6-24 填写注册资料

（3）在打开的网页中提示"163 免费邮箱申请成功"，如图 6-25 所示，此时即表明免费邮箱申请成功。

图 6-25 邮箱申请成功页面

## 6.3.3 在网站上收发邮件

当在网站上成功申请一个邮箱后，就可以使用它来收发电子邮件了。

### 1. 撰写并发送邮件

发送邮件首先要进入相应的邮箱。下面以登录 6.3.2 节申请的免费邮箱为例，讲解登录邮箱并发送电子邮件的方法，具体操作步骤如下：

（1）打开 163 免费邮网站 http://mail.163.com，在"用户名"文本框中输入申请的邮箱账户名"xyin.g2010"，在"密码"文本框中输入密码，然后单击 登录 按钮，如图 6-26 所示。

图 6-26　登录电子邮箱

（2）稍候即可登录申请的免费邮箱界面，单击左侧的 写信 按钮，如图 6-27 所示。

图 6-27　进入邮箱界面

（3）进入撰写电子邮件界面，在"收件人"文本框中输入要发送到的电子邮箱地址；在"主题"文本框中输入电子邮件的主题；在下方的文本区域撰写电子邮件的正文内容，如图 6-28 所示。

（4）如果发送文件的同时需要发送其他文件，单击 添加附件 超链接，打开"选择文件"对话框，找到并选择要发送的图片，然后单击

打开(O) 按钮，如图 6-29 所示。

图 6-28　撰写邮件

图 6-29　添加附件

（5）返回到邮件页面中可以看到添加了附件后的效果。邮件编辑完成后，单击 发送 按钮即可将邮件发送出去，如图 6-30 所示。

图 6-30　发送邮件

如果一封邮件要同时发送给几个人，可以在"收件人"文本框中同时输入这几个人的邮箱地址，每个邮箱地址之间用逗号隔开。

### 2. 接收电子邮件

如果有人给你发了电子邮件，则可在邮箱中接收、查看电子邮件，发送的邮件都保存在收件箱中。接收、查看电子邮件的方法为：单击邮箱界面左侧的"收件箱"选项，窗口中将显示邮箱中收到的所有电子邮件，单击邮件主题即可打开电子邮件进行查看，如图 6-31 所示。

图 6-31　查看邮件

# 6.4　网络聊天

本节内容学习时间为 11:10～12:00（视频：第 6 日\网上聊天）

在 Internet 中有很多聊天工具，如 QQ、MSN 和雅虎通等，它们的出现大大缩小了人们之间的距离，使人们可以随时随地进行沟通。下面讲解如何使用 QQ 进行聊天。

## 6.4.1　下载并安装 QQ

要使用 QQ，必须先在电脑上安装 QQ 软件，该软件可以到腾讯公司的官方网站（http://www.qq.com）上免费下载，下载完成后进行安装即可，其具体操作方法这里不再叙述。

## 6.4.2 申请 QQ 号码

完成 QQ 软件的安装后，会弹出一个"QQ 用户登录"对话框，要求用户输入 QQ 号码。对于没有 QQ 号码的用户来说，首先要申请一个 QQ 号码。具体操作步骤如下：

（1）启动 QQ，打开"QQ 用户登录"对话框，单击 <u>申请帐号</u> 超链接，如图 6-32 所示。

图 6-32 "QQ 用户登录"对话框

（2）打开申请 QQ 账号页面，单击"网页免费申请"超链接，如图 6-33 所示。

图 6-33 单击"网页免费申请"超链接

（3）在打开的网页中选择"QQ 号码"选项，如图 6-34 所示。

图 6-34 选择"QQ 号码"选项

（4）进入下一级网页，根据提示填写相应的个人信息，如图 6-35 所示。

图 6-35 填写个人信息

（5）拖动图 6-35 对话框左侧的滚动条，在"验证码"文本框中输入正确的验证码，选中 ☑ 我同意以下条款：复选框，然后单击 下一步 按钮，如图 6-36 所示。

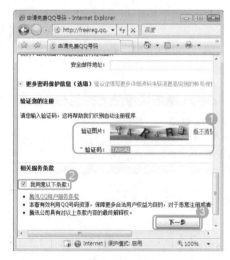

图 6-36 输入验证码

（6）完成 QQ 号码的申请，在打开的申请成功网页中将显示申请的 QQ 号码，如图 6-37 所示。

**指点迷津**
QQ 账号有免费账号，也有付费账号，现在大部分网友都使用免费的账号。另外，在使用网页免费申请 QQ 号码时，有时会因为申请人数过多而无法成功申请，遇到这种情况时重新申请或稍后申请。

图 6-37　QQ 账号申请成功

## 6.4.3　登录 QQ 并发送信息

当注册 QQ 用户成功后，就可以使用申请的号码登录到 QQ 服务器添加好友并进行聊天了。具体操作步骤如下：

（1）双击桌面上的 QQ 程序图标，打开"QQ 用户登录"对话框，在"QQ 账号"下拉列表框中输入申请的 QQ 号码，在"QQ 密码"文本框中输入密码，如图 6-38 所示。

图 6-38　"QQ 用户登录"对话框

（2）单击 [登录] 按钮，登录成功后，在桌面上将弹出如图 6-39 所示的 QQ 面板。

**指点迷津**
在 QQ 界面中，系统默认有"我的好友"、"陌生人"和"黑名单" 3 个组，第一次登录时好友名单中没有任何人，需要添加好友。

图 6-39　QQ 面板

（3）在 QQ 面板中双击需要聊天的好友头像，打开聊天窗口，在其中输入需要发送的文字，设置字体的颜色和格式后，单击 [发送(S)] 按钮即可将信息发送出去，如图 6-40 所示。

（4）当对方回信息时，任务栏上的 QQ 头像会闪烁，双击闪烁的头像即可在打开的窗口中查看对方发送的信息，如图 6-41 所示。

图 6-40　发送的信息

图 6-41　接收的信息

（5）如果要回复信息，可直接在下方文本框中输入文字，然后单击 发送(S) 按钮即可，效果如图 6-42 所示。

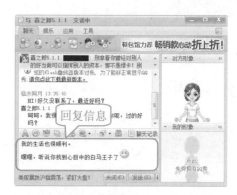

图 6-42　回复信息

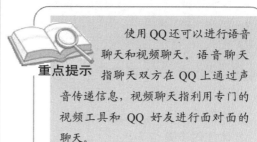

**重点提示**　使用 QQ 还可以进行语音聊天和视频聊天。语音聊天指聊天双方在 QQ 上通过声音传递信息，视频聊天指利用专门的视频工具和 QQ 好友进行面对面的聊天。

**重点提示**　在 QQ 面板中单击 聊天记录(C) 按钮，可以显示出所有的聊天记录；单击 消息模式(T) 按钮，可以切换到消息模式。

## 6.4.4　使用 QQ 传送文件

使用 QQ 不仅可以用来聊天，还可以用来传送文件。使用 QQ 传送文件的具体操作步骤如下：

（1）在 QQ 聊天窗口上方单击"传送文件"按钮，如图 6-43 所示。

（2）在弹出的"打开"对话框中选择要发送的文件，然后单击 打开(O) 按钮，如图 6-44 所示。

（3）返回聊天窗口，如图 6-45 所示，当对方单击接收 超链接后，开始传送文件，当传输完成后，在聊天窗口会出现发送完毕的提示。

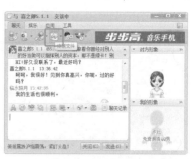

图 6-43　单击"传送文件"按钮

图 6-44 选择要传送的文件

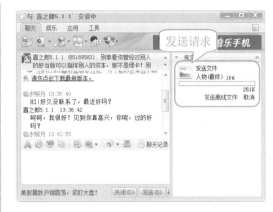

图 6-45 发送文件

**指点迷津**

若对方向你发送文件时，将在你的窗口中询问是否接收，如果同意接收，只需单击 另存为 按钮，在打开的"另存为"对话框中选择保存的位置，然后单击 保存(S) 按钮即可。

# 6.5 网络游戏

本节内容学习时间为 14:00～15:00

目前比较流行的网络游戏有 QQ 游戏、传奇、跑跑卡丁车、魔兽世界、联众游戏和大话西游等，网络游戏的发展丰富了人们的生活。本节将以目前十分流行的 QQ 游戏为例进行讲解，具体操作步骤如下：

（1）安装 QQ 软件时，通常都附带了 QQ游戏大厅，双击桌面上的 QQ 游戏图标，打开"QQ 游戏登录"对话框。

（2）在"QQ 号码"文本框中输入用户的QQ 号码，在"QQ 密码"文本框中输入相应的密码，然后单击 登录 按钮，如图 6-46 所示。

（3）当验证密码正确后，登录到 QQ 游戏大厅，在左侧窗口中双击所需安装的游戏，例如，双击"欢乐斗地主"游戏，如图 6-47 所示。

（4）打开"提示信息"对话框，单击 确定 按钮，开始下载并安装该游戏，如图 6-48 所示。

图 6-46 "QQ 游戏登录"对话框

（5）稍后将弹出安装成功的提示信息，单

击 确定 按钮，如图 6-49 所示。

图 6-47　进入游戏大厅

图 6-48　提示安装对话框

图 6-49　提示安装成功的对话框

（6）返回游戏大厅窗口，在左侧列表中可以看到"欢乐斗地主"游戏已经被安装。单击"欢乐斗地主"游戏超链接，展开其下某一游戏专区，然后双击想要进入的房间，如图 6-50 所示。

图 6-50　选择游戏房间

（7）稍后即可进入游戏房间，选择一个桌子并单击其中的一个空座位坐下，如图 6-51 所示。

图 6-51　选择座位

（8）当准备好后，在打开的窗口中单击 开始 按钮，当同桌的其他人也同意开始游戏后即可进入游戏，如图 6-52 所示。

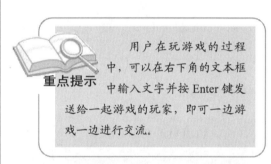

重点提示　用户在玩游戏的过程中，可以在右下角的文本框中输入文字并按 Enter 键发送给一起游戏的玩家，即可一边游戏一边进行交流。

图 6-52　开始斗地主游戏

# 6.6 网络视听

 本节内容学习时间为 15:20～16:10（视频：第 6 日\网络视听）

网络多媒体的发展日新月异，在网上不仅可以聊天、玩游戏，还可以在线听歌、看电视和欣赏动漫等。本节将具体进行介绍。

## 6.6.1 在线听歌

在网上可以听到最新、最想听的歌曲，还可以在浏览网页的同时欣赏音乐。下面以在"中国音乐在线"网站（http://www.mtvtop.net）上在线听歌为例进行讲解，具体操作步骤如下：

（1）打开 IE 浏览器，在地址栏中输入网址"http://www.mtvtop.net"，按 Enter 键打开该网页，在导航栏中单击"歌手"超链接，如图 6-53 所示。

图 6-53　打开"中国音乐在线"首页

（2）在打开网页的左侧歌手列表中选择歌手类别，如单击"港台女歌手"超链接。

（3）打开"港台女歌手"页面，根据歌手名字的第一个字母快速找到该歌手的名字超链接，如单击"阿桑"超链接，如图 6-54 所示。

（4）在打开的网页中收录了该歌手的新歌列表，单击需要收听歌曲的名称超链接，如图 6-55 所示。

（5）打开播放所选歌曲的网页，待缓冲后即可听音乐，如图 6-56 所示。

图 6-54　选择歌手

图 6-55　选择收听音乐

图 6-56　在线听音乐

## 6.6.2 网上看电影

在网上不仅可以听广播、听音乐，还可以观看电影。在线看电影的方法比较简单，进入电影网站后，选择要观看的电影，系统就会自动启动播放器软件进行播放。

下面以在 21CN 宽频影院（http://v.21cn.com）中在线免费看电影为例进行讲解，具体操作步骤如下：

（1）打开 IE 浏览器，在地址栏中输入网址"http://v.21cn.com"，按 Enter 键，打开 21CN 宽频影院网站首页，在"免费 FREE"栏中选择电影，如图 6-57 所示。

图 6-57　21CN 宽频影院首页

（2）如果单击电影"大速在线"超链接，在打开的网页中即可直接观看电影，如图 6-58 所示。

图 6-58　观看电影

（3）如果想观看其他的电影，可单击"直接试看免费电影"栏中的电影，如单击"你在微笑我却哭了"名字超链接，如图 6-59 所示。

图 6-59　选择其他电影播放

（4）在打开的窗口中即可观看该影片，如图 6-60 所示。

图 6-60　电影播放窗口

# 6.7　网　上　购　物

本节内容学习时间为 16:20～17:10

网上购物是电子商务的一种交易活动，是当今非常热门的网上活动之一，网上购物类网站也日益盛行，用户足不出户即可在网上商城选购到需要的商品。

## 6.7.1　认识网上购物

网上购物就是在购物网站上挑选自己喜欢的商品，然后向网站发出订单，网站通过一系列的规则对买卖双方形成一种约束，在保证买方收到商品的同时，卖方也可以安全收到货款。

网上购物是最新流行起来的一种时尚消费方式，在刚刚出现时还备受争议，现在已经发展到如同在超市中选购商品一样简单和普及。很多平时很难找到的商品都可以在网上发现，不仅价格便宜，而且大多都送货上门。

## 6.7.2　搜索购物网站

网上有很多购物类网站，如果要进行网上购物，最好选择一个实力强、信誉好的购物网站。"网址之家"网站是一个罗列了众多网址的网站，下面从这个网站查找购物网站，具体操作步骤如下：

（1）打开 IE 浏览器，在地址栏中输入网址"http://www.hao123.com"，按 Enter 键，打开"网址之家"主页，然后单击"购物"超链接，如图 6-61 所示。

（2）在打开的网页中显示出许许多多的购物网站，如图 6-62 所示，单击其中任意一个超链接即可进入该网站。

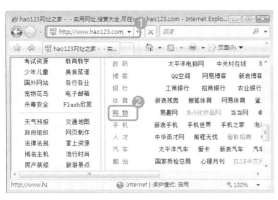

图 6-61　"网址之家"主页

图 6-62　搜索到的购物网站

在"网址之家"网站中罗列了众多网站地址，用户如果记不住繁琐的网站地址，只需记住该网站地址即可，通过该网站可以轻而易举地进入想要浏览的网站。

## 6.7.3　网上购买商品

下面以在淘宝网上购买一台笔记本电脑为例，讲解网络购物的方法及流程，具体操作步骤如下：

（1）打开 IE 浏览器，在地址栏输入淘宝网网址"http://www.taobao.com"，按 Enter 键，打开其主页，单击网页上的 [免费注册] 超链接，如图 6-63 所示。

图 6-63　淘宝网主页

（2）打开填写注册信息的网页，根据提示填写注册信息，填写完毕后单击 [同意以下服务条款，提交注册信息] 按钮，如图 6-64 所示。

图 6-64　填写注册信息

（3）进入"验证邮箱"页面，打开填写注册信息时输入的电子邮箱，在收件箱中即可看到一封淘宝网发来的新邮件。

（4）打开该邮件，单击 [确认] 按钮即可，如图 6-65 所示。

图 6-65　打开邮件

（5）在打开的窗口中显示注册成功的信息，如图 6-66 所示。

图 6-66　注册成功

（6）返回淘宝首页，单击 登录 超链接，在打开的"登录淘宝网"页面中输入刚才注册的会员名和密码，单击 登 录 按钮，如图 6-67 所示。

图 6-67　登录网站

（7）登录到淘宝网后在其中拖动滚动条浏览网上可交易的商品，然后单击需要购买的物品所对应的超链接，如单击 华硕 超链接，如图 6-68 所示。

图 6-68　选择物品类别

（8）在打开的网页中选择需要的笔记本电脑，单击该笔记本电脑名称的超链接，如图 6-69 所示。

（9）在打开的网页中可阅读关于该笔记本电脑的详细信息，如果确认要购买该电脑，单击 立刻购买 按钮，如图 6-70 所示。

图 6-69　选择购买笔记本电脑

图 6-70　确认购买该电脑

（10）在打开的网页中填写准确的购买人信息，填写完毕后，单击 确认无误，购买 按钮，如图 6-71 所示。

图 6-71　填写购买人信息

（11）在打开的网页中要求选择支付金额的网上银行，用户只需根据需要选择合适的网上银行即可。

**重点提示** 　查看物品信息后，如果还没有决定购买该商品，或者只是为了了解购物的操作流程，最好不要单击 确认无误，购买 按钮，否则卖家可能会对用户进行投诉，影响用户的信誉。

# 6.8　本 日 小 结

 本节内容学习时间为 19:00～19:20

　　今天带领读者畅游了网络神秘世界。首先介绍了 Internet 基础知识和 IE 浏览器的使用，包括 Internet 的介绍、上网的方式、IE 浏览器的工作界面以及搜索和保存网络资源等；然后又引导读者领略了非常流行时尚的网络娱乐生活，如发送电子邮件、网络聊天、玩网络游戏、在线听流行歌曲、欣赏网络动漫以及进行网络购物等。

　　通过今天的学习，读者能够对 Internet 服务和常用网络软件的使用方法有较全面的认识和了解，并且可以得心应手地畅游 Internet 网络世界。

# 6.9　新 手 练 兵

 本节内容学习时间为 19:30～20:30

## 6.9.1　下载迅雷软件

　　Internet 上的资源非常丰富，用户可以把学习资料、电影、游戏或应用软件等资源下载到自己的电脑上，用来帮助学习或者娱乐。

　　下面以在天空软件站下载迅雷软件为例讲解网络下载的方法，具体操作步骤如下：

　　（1）打开 IE 浏览器，在地址栏中输入天空软件站的网址"www.skycn.com"，打开该网站，在网站的搜索栏中输入"迅雷"，然后单击 软件搜索 按钮，搜索该软件，如图 6-72 所示。

　　（2）打开迅雷的下载页面列表，选择合适的下载版本，单击其超链接，进入下载页面，如图 6-73 所示。

**指点迷津**
　　天空软件站是非常著名的下载网站，主要提供网络下载资源，与其类似的网站还有华军软件园和阿榕软件园等。

图 6-72　搜索软件

图 6-73　选择软件版本

（3）打开该软件的下载页面，单击 [下载地址] 按钮，如图 6-74 所示。

图 6-74　下载页面

（4）进入下载地址页面，单击一个下载超链接，一般情况下选择符合自己网络情况且与所

在地较近的站点，可提高下载速度，如单击 山东菏泽网通下载 超链接，如图 6-75 所示。

图 6-75　选择下载地址

（5）弹出"文件下载"对话框，单击 [保存(S)] 按钮，如图 6-76 所示。

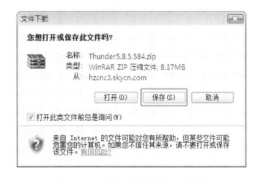

图 6-76　"文件下载"对话框

（6）打开"另存为"对话框，设置保存位置和文件名，然后单击 [保存(S)] 按钮，如图 6-77 所示。

图 6-77　"另存为"对话框

（7）开始下载文件，等待下载完成后打开保存文件夹，即可找到迅雷软件的安装程序。

第 6 日

## 6.9.2 网上求职

目前 Internet 上有很多专业的求职网站，求职操作基本相同，通常为：当登录到求职网站后，首先注册成为其会员，然后刊登个人简历。

### 1. 用户注册

下面以在中华英才网注册会员为例进行介绍，具体操作步骤如下：

（1）打开 IE 浏览器，在地址栏中输入"中华英才网"网址 http://www.chinahr.com，打开其主页，单击 新会员注册 超链接，如图 6-78 所示。

示输入注册信息，填写完毕后单击 接受协议并注册 按钮，如图 6-79 所示。

图 6-78 打开"中华英才网"网页

（2）打开"个人会员注册"网页，根据提

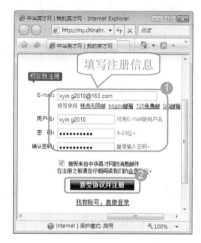

图 6-79 "个人会员注册"网页

（3）稍后即可打开提示注册成功的网页，如图 6-80 所示。

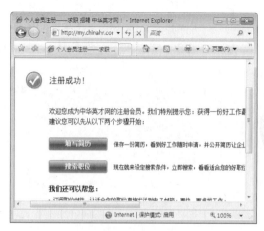

图 6-80 会员注册成功

注册会员比较容易呀，我也要马上去注册成为会员，看看有没有适合我的工作。

### 2. 填写简历找工作

用户注册成功后，首先要填写一份简历，方便企业了解自己的情况。具体操作步骤如下：

（1）注册成功后，在图 6-80 所示的界面中单击 填写简历 按钮，然后在打开的窗口中单击 中文简历 按钮，如图 6-81 所示，创建一份中文简历。

司招聘职位，此时选中合适的招聘职位前面的复选框，然后单击 立即申请 超链接，如图 6-83 所示。

图 6-81　提示窗口

（2）打开"我的简历"页面，在默认的简历模板中输入个人信息、职业概况和工作经验等信息，然后单击下方的 保存 按钮，如图 6-82 所示。

（3）在打开的网页中可发现网站推荐的公

图 6-82　创建个人简历

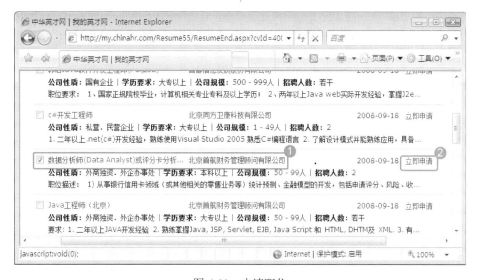

图 6-83　申请职位

智慧锦囊

也可同时选中多个招聘职位前面的复选框，然后单击 申请所选职位 按钮，可以进行快速批量申请职位。

（4）在打开的"职位申请"对话框中确认申请的职位，并选择好投递的简历，单击 立即申请 按钮，如图 6-84 所示。

（5）稍等片刻，即打开提示职位申请成功的网页，单击 关闭此页，继续找工作 按钮，可根据需要继续申请职位，如果今天不再申请，单击 按钮即可将求职页面关闭，如图 6-85 所示。

图 6-84 投递简历

图 6-85 职位申请成功

智慧锦囊　　在投递简历时，简历应根据应聘职位的不同进行修改。在图 6-84 的"选择简历"栏中可对简历进行及时修改。

# 第7日

# 电脑维护与网络安全

今日学习内容综述

上午：
1. 电脑的日常维护
2. 磁盘维护
3. 操作系统的维护
4. Windows 优化大师

下午：
5. 电脑常见故障排除
6. 使用杀毒软件——瑞星 2008
7. 网络安全设置

超超：老师，我的电脑总是出问题，经常拿去修理很麻烦。

越越老师：注意经常对电脑进行维护就不会出现小问题了。

超超：对电脑进行维护都包括哪些方面呢？

越越老师：做好对电脑的日常维护、对电脑进行适当的优化设置以及做好病毒防范工作等。

# 7.1　电脑的日常维护

本节内容学习时间为 8:00～8:50

电脑是高科技的机电一体化电器，各部件比较精密，若使用不当就会对电脑造成损伤，所以在使用电脑的过程中应注意一些事项，使它处于一个适合的工作环境。

## 7.1.1　电脑使用环境的管理

电脑通常在办公室条件下使用，为了使电脑能更好地工作，提供一个良好的工作环境也是很重要的，好的工作环境通常包括以下几个方面。

### 1．温度

电脑理想的工作温度应在 10℃～35℃之间。若温度过低，会使电脑各部件之间接触不良，从而导致电脑不能正常工作；若温度高于 35℃，机器内部散热不好，从而使机器不能正常工作。另外，如果条件允许的情况下，最好将电脑放置在有空调的房间内。

### 2．湿度

在放置电脑的房间内，相对湿度应保持在 20%～80%之间。若相对湿度低于 20%，会由于过分干燥而产生静电干扰，引起电脑的错误动作；若相对湿度高于 80%，会由于结露使电脑内的元器件受潮变质，加速氧化，甚至会发生短路而损坏机器。

### 3．清洁程度

空气中灰尘含量对电脑的影响比较大。如果机房内灰尘过多，可能会附落在磁盘或磁头上，造成磁盘读写错误，并且还可能腐蚀各配件的电路板，灰尘也会堵塞电脑的散热系统并容易引起内部零件之间的短路。因此，在机房内一般应备有除尘设备，做好清洁工作，以保证电脑的正常运行。

### 4．干扰

当电脑正在工作时，应避免磁场干扰，否则可能会造成电脑中部件的损坏（如硬盘的损坏或数据的丢失等）。因此，在电脑的工作环境中，为了避免磁场干扰，应尽量不使用电炉、电视或其他强电设备。

### 5．电源

电脑对电源有两个基本要求，一是电压要稳，二是在机器工作时不能突然断电。电压不稳会造成磁盘驱动器运行不稳定而引起读写数据错误，为了获得稳定的电压，可以使用交流稳压电源。为防止突然断电对电脑工作的影响，最好装备不间断供电电源（UPS），以便能使电脑断电后继续工作一小段时间，使操作人员能及时处理完工作或保存好数据。

## 7.1.2 注意使用习惯

电脑不仅需要有一个良好的工作环境，而且用户平时的使用习惯也会对电脑造成很大的影响。在电脑的使用过程中，应养成一个良好的工作习惯。

❖ 在电脑工作时，应尽量避免开关机操作，一般关机后距离下次开机的时间至少应有 10 秒钟。突然关机后，对电脑各种配件的冲击很大，特别是对硬盘有很大的损坏。

❖ 按照正确的方法开关电脑。开机时，先打开音箱、打印机和显示器等外设，然后再打开主机；关机时则正好相反，首先用电脑中的关机程序关闭主机，然后关闭显示器等外设。

❖ 给电脑安装防病毒软件，防止电脑受到病毒的危害。

❖ 关闭电脑之前，要先关闭所有应用程序，然后再正常关闭电脑，避免应用程序受到破坏。

❖ 静电有可能造成电脑中各种芯片的损坏，为防止静电造成损害，在打开机箱前应将自身的静电放掉后再接触电脑中的部件。另外，在安装电脑时将机箱外壳用导线接地，也可起到很好的防静电效果。

## 7.1.3 电脑硬件的使用和保养

电脑的硬件维护主要包括主机、键盘、鼠标、光驱以及显示器等设备的维护。

### 1. 主机的日常维护

主机是电脑的核心部件，通常将主机箱及其内含的 CPU、内存、主板和电源等统称为主机。对于主机的维护应做到以下几点：

❖ 不要在开机状态下接触电路板，那样做很可能烧毁电路板。

❖ 开机状态下不要搬动主机。

❖ 开机后，应听到风扇发出的轻微而均匀的转动声。如果发生异常，应立即关机，找出故障并排除后再开机。

### 2. 鼠标和键盘的日常维护

鼠标和键盘是电脑操作中使用频率较高的输入设备，在对它们进行维护时应注意以下几个方面：

❖ 更换鼠标和键盘时，应断开电脑电源。

❖ 当有液体进入键盘时，应当尽快关机，将键盘取下，用干净吸水的软布或纸巾擦干积水，并且要在通风处自然晾干。

❖ 操作键盘和鼠标时不可用力过度，以免造成键盘失灵或损害鼠标的弹性开关。

❖ 定期清洁键盘和鼠标表面的污垢，对于键盘顽固的污渍可以使用中性的清洁剂擦除；使用光电鼠标时，要注意保持感光板的清洁，以使其处于最好的感光状态。

### 3. 显示器的日常维护

显示器的日常维护比较重要，与其寿命有着十分密切的关系。显示器的日常维护主要包括以下几个方面：

❖ 显示器在充电的情况下及刚刚关机时不要移动，以免造成显像管灯丝的断裂。

❖ 多台显示器摆放在一起时应相隔 1m 的距离，以免相互之间干扰造成显示抖动现象。

❖ 显示器应远离磁场，以免显像管磁化，出现抖动、闪烁等情况。

❖ 显示器应摆放在日光照射较弱或者没有光照的地方，且应保持通风良好。

❖ 定期清洁显示器，防止灰尘进入，并且清洁时不要使用有机溶剂，而应使用抹布蘸取一些清水来清洁。

❖ 不能随意拆卸显示器，在显示器内部会产生高电压，关机很长时间后依然可能带有高达 1000V 的电压。

❖ 合理调节显示器亮度和对比度等参数，使屏幕显示不至于太亮，避免显像管快速老化。

# 7.2 磁 盘 维 护

 本节内容学习时间为 9:00～9:50（视频：第 7 日\磁盘维护）

磁盘是电脑存储数据的场所，当电脑中安装了 Windows 操作系统后，可以使用 Windows 自带的磁盘维护功能对电脑进行维护，以提高系统的运行速度。磁盘维护功能主要包括磁盘扫描、磁盘清理、磁盘碎片整理和系统还原等。

## 7.2.1 磁盘扫描

文件在磁盘上是以簇的方式进行存放的，在使用电脑的过程中，经常会对文件进行读取和删除等操作，从而使簇变得混乱和不连续，这时可使用 Windows XP 操作系统自带的磁盘扫描程序对硬盘进行扫描，以恢复丢失的文件和磁盘空间。磁盘扫描的具体操作步骤如下：

（1）双击桌面上的"计算机"图标，打开"计算机"窗口，右击要进行磁盘扫描的驱动器图标，如 D 盘，在弹出的快捷菜单中选择"属性"命令，如图 7-1 所示。

（2）打开"本地磁盘（D：）属性"对话框，选择"工具"选项卡，在"查错"栏中单击 开始检查(C)... 按钮，打开"检查磁盘本地磁盘（D：）"对话框，如图 7-2 所示。

（3）选中 ☑自动修复文件系统错误(A) 和 ☑扫描并试图恢复坏扇区(N) 复选框，然后单击 开始(S) 按钮，系统即开始检查磁盘中的错误，如图 7-3 所示。

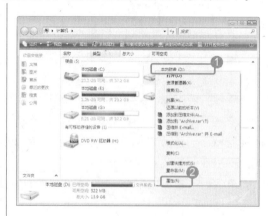

图 7-1　选择"属性"命令

图 7-2 "工具"选项卡

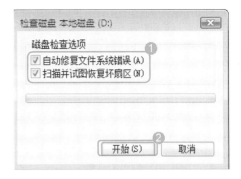

图 7-3 "检查磁盘本地磁盘（D:）"对话框

（4）检查完毕后，打开提示磁盘检查完成对话框，单击 确定 按钮即可。

## 7.2.2 磁盘清理

当磁盘空间不够时，电脑的运行速度就会受到影响，利用磁盘清理程序清理磁盘中的垃圾文件和临时文件，以提高磁盘的利用率。磁盘清理的具体操作步骤如下：

（1）选择"开始"→"所有程序"→"附件"→"系统工具"→"磁盘清理"命令，打开"磁盘清理选项"对话框，选择"仅我的文件"选项。

（2）打开"磁盘清理:驱动器选择"对话框，在"驱动器"下拉列表框中选择要进行清理的磁盘，如 D 盘，然后单击 确定 按钮，如图 7-4 所示。

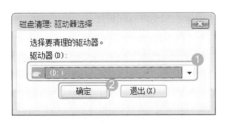

图 7-4 "磁盘清理：驱动器选择"对话框

（3）系统打开"（D: ）的磁盘清理"对话框，在"要删除的文件"列表框中选择要删除的文件，单击 确定 按钮，如图 7-5 所示。

（4）系统将弹出确认删除对话框，单击 是(Y) 按钮即可开始删除选中的文件类型。

图 7-5 "（D:）的磁盘清理"对话框

智慧锦囊 在进行磁盘清理时，如果选择的磁盘驱动器不同，可供选择的删除文件类型也不同。例如只有在清理系统盘（C 盘）时，才会有"Internet 临时文件"和"临时文件"等文件选项内容。

# 7.3 操作系统的维护

 本节内容学习时间为 10:00～10:50（视频：第 7 日\操作系统的维护）

## 7.3.1 设置虚拟内存

Windows Vista 在运行时会将内存中一部分暂未被使用的数据移动到 Pagefile.sys 文件中，该文件就是虚拟内存。合理设置虚拟内存大小不但能提高电脑的运行速度，而且能避免因内存不足造成的死机。

下面讲解设置虚拟内存大小的方法，具体操作步骤如下：

（1）在桌面上右击"计算机"图标，在弹出的快捷菜单中选择"属性"命令，如图 7-6 所示。

图 7-6 选择"属性"命令

（2）在打开的窗口中选择"高级系统设置"选项，打开"系统属性"对话框，选择"高级"选项卡，单击"性能"栏中的"设置"按钮，如图 7-7 所示。

（3）打开"性能选项"对话框，选择"高级"选项卡，单击"虚拟内存"栏中的 更改(C) 按钮，如图 7-8 所示。

（4）打开"虚拟内存"对话框，选中 ◎自定义大小(C) 单选按钮，在"初始大小"文本框中输入虚拟内存的最小值，在"最大值"文本框中输入虚拟内存的最大值，单击 设置(S) 按钮，然后单击 确定 按钮应用设置即可，如图 7-9 所示。

图 7-7 "系统属性"对话框

图 7-8 "性能选项"对话框

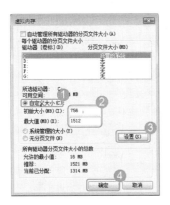

图 7-9　自定义虚拟内存

**重点提示**　在设置虚拟内存时建议将初始大小设置为内存容量的 1.5 倍，最大值设置为初始大小的 2 倍。如内存为 256MB，则初始大小为 512MB，最大值为 1024MB。

## 7.3.2　移动临时文件夹

多数应用软件在运行过程中都会产生临时文件，而且这些临时文件默认保存在 C 盘，会影响到系统的稳定性与运行效率。为了减轻系统负担，可以把临时文件的路径进行移位。下面以移动 IE 浏览器的临时文件夹为例进行介绍，具体操作步骤如下：

（1）启动 IE 浏览器，选择"工具"→"Internet 选项"命令，如图 7-10 所示。

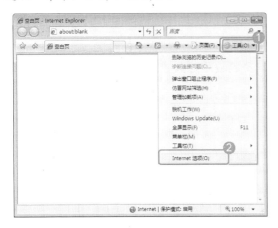

图 7-10　选择相应命令

（2）打开"Internet 选项"对话框，在默认打开的"常规"选项卡的"浏览历史记录"栏中单击 设置(S)... 按钮，如图 7-11 所示。

（3）打开"Internet 临时文件和历史记录设置"对话框，其中显示了临时文件夹的位置和占用磁盘空间等信息，单击 移动文件夹(M)... 按钮，如图 7-12 所示。

图 7-11　"Internet 选项"对话框

（4）打开"浏览文件夹"对话框，这里选择将临时文件夹移动到 F 盘，单击 确定 按钮，如图 7-13 所示。

（5）返回"Internet 临时文件和历史记录设置"对话框，单击 确定 按钮，打开"注销"对话框，提示系统将重新启动计算机以完成文件夹的移动，单击 是(Y) 按钮，重启电脑，临时文件夹移动成功，如图 7-14 所示。

在图 7-11 中，单击"删除"按钮可以清除 IE 浏览器的垃圾文件，并提高浏览的速度，还可以防止用户资料外泄。

图 7-13　选择要移动的位置

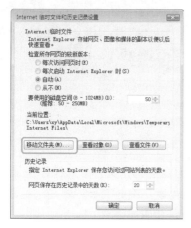

图 7-12　"Internet 临时文件和历史记录设置"对话框

图 7-14　提示需要重启电脑以使修改生效

## 7.3.3　对系统进行升级

在使用电脑的过程中，有时会因为操作系统本身的缺陷导致出现各种稀奇古怪的问题，为了让电脑运行得更加安全稳定，就需要不断地对系统进行升级。对系统进行升级的具体操作步骤如下：

（1）打开"控制面板"窗口，单击"安全"图标，如图 7-15 所示。

选项下单击"启用或禁用自动更新"超链接，如图 7-16 所示。

图 7-15　"控制面板"窗口

（2）打开"安全"窗口，在"安全中心"

图 7-16　"安全"窗口

（3）在打开的对话框中选中 自动安装更新（推荐）(I)

单选按钮，然后在下方的两个下拉列表框中选择时间，设置完毕后单击 确定 按钮，如图 7-17 所示。

用户可以根据需要选择自动更新方式。如果不经常上网，也可以选择关闭自动更新功能。

图 7-17　设置自动更新

# 7.4　Windows 优化大师

本节内容学习时间为 11:00～12:00

　　Windows 优化大师是一款功能强大的、专门用于对 Windows 操作系统进行维护的优化设置软件，启动 Windows 优化大师后，其操作界面如图 7-18 所示。优化的项目主要包括"系统检测"、"系统优化"、"系统清理"和"系统维护"等。本节将对 Windows 优化大师常用的几个功能进行讲解。

图 7-18　Windows 优化大师操作界面

## 7.4.1 自动优化

Windows 优化大师可对 CPU、BIOS、硬盘、内存、网络、显卡和光驱等硬件设施进行检测，并根据电脑的软硬件情况进行自动优化。具体操作步骤如下：

（1）启动 Windows 优化大师，单击窗口右侧的 自动优化 按钮，在打开的"自动优化向导"对话框中单击 下一步 按钮，如图 7-19 所示。

图 7-19　自动优化向导（一）

（2）根据提示依次单击 下一步 按钮，如图 7-20 和图 7-21 所示，直到弹出建议优化前对注册表进行备份对话框，单击 确定 按钮，如图 7-22 所示。

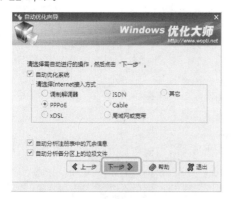

图 7-20　自动优化向导（二）

（3）打开正在进行备份注册表的对话框，如图 7-23 所示。备份完毕后系统自动弹出全部优化完成对话框，然后单击 退出 按钮，完成自动优化，重新启动电脑后优化即可生效。

图 7-21　自动优化向导（三）

图 7-22　自动优化向导（四）

**指点迷津**

如果在图 7-22 所示对话框中单击 取消 按钮，将直接对系统进行优化和清理操作。

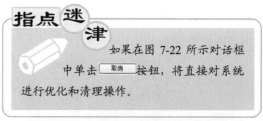

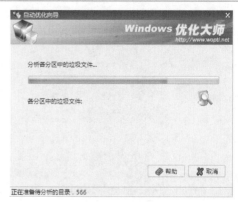

图 7-23　完成优化

## 7.4.2　文件系统优化

通过文件系统优化设置可以提高文件的存储性能，加快文件的访问速度。在 Windows 优化大师窗口左侧的"系统优化"栏中单击"文件系统优化"按钮，在窗口右侧打开其相应的设置界面，设置完成后，单击 优化 按钮即可对文件系统进行优化，如图 7-24 所示。

使用相同的方法，还可以对磁盘缓存、桌面菜单、网络系统、开机速度、系统安全等进行优化！

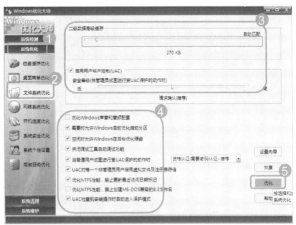

图 7-24　文件系统优化

## 7.4.3　系统清理

在 Windows 优化大师主界面中的"系统清理"栏中，可以对注册表和垃圾文件等项目进行清理。具体操作步骤如下：

（1）在"系统清理"栏中单击"注册信息清理"按钮，在右侧窗口中选择要扫描的注册表复选框，这里保持默认选项，然后单击 扫描 按钮，如图 7-25 所示。

（2）稍后即扫描出注册表中各种无用的信息，如图 7-26 所示，单击 全部删除 按钮进行删除。

图 7-26　清理注册表信息

（3）在"系统清理"栏中单击"磁盘文件管理"按钮，在右侧窗口中选择需要清理垃圾文

图 7-25　扫描注册表信息

件的驱动器，如 C 盘，在"扫描选项"选项卡中选择要扫描的文件类型，单击 [扫描] 按钮，对选定硬盘的文件进行扫描，如图 7-27 所示。

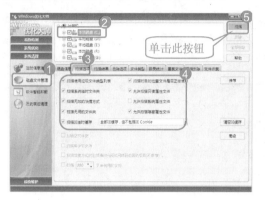

图 7-27　设置扫描条件

（4）系统会自动根据设置进行扫描并找出垃圾文件，扫描完毕后将显示搜索结果，单击 [全部删除] 按钮，即可删除查找的垃圾文件，如图 7-28 所示。

图 7-28　删除垃圾文件

# 7.5　电脑常见故障排除

本节内容学习时间为 14:00～14:50

电脑故障是指造成电脑系统功能失常的物理损坏和软件错误，小的故障可能使电脑的部分功能失效或者运算出错；而大的故障则能够导致电脑系统完全崩溃，甚至硬件损坏。

## 7.5.1　电脑故障检测与排除方法

在使用电脑的过程中应当尽量避免出现故障，对于一些小故障应学会自己解决。下面主要介绍以下 3 种电脑常见故障的排除方法。

### 1. 观察法

观察是维修判断过程中第一要法，它贯穿于整个维修过程中。需要观察的内容主要包括以下几个方面。

❖ 工作环境：观察电脑运行环境的温度和湿度等是否正常，是否有强电磁波的干扰等。

❖ 硬件环境：观察各种插头和插座等的连接是否良好，板卡和其他设备是否有烧焦的痕迹，电路板上是否有脱焊、断裂和爆浆等现象。

❖ 软件环境：了解电脑中安装有哪些软件以及最近安装了哪些软件，且这些软件之间是否会产生冲突等。

❖ 用户操作的习惯：了解用户平时的一些操作习惯以及故障产生之前的主要操作。

### 2. 替换法

替换法是用好的部件去代替可能有故障的部件，以判断故障现象是否消失的一种维修方法。替换部件的顺序和原则一般如下：

❖ 根据故障出现的现象或故障类别来考虑需要进行替换的部件或设备。

❖ 按先简单后复杂的顺序进行替换，如判断打印故障时，可先考虑打印驱动是否有问题，再考虑打印电缆是否有故障，最后考虑打印机或并口是否有故障等。

❖ 最先检查与有故障的部件相连接的连接线和信号线等，接着是替换怀疑有故障的部件，然后是替换供电部件，最后是与之相关的其他部件。

❖ 从部件的故障率高低来考虑最先替换的部件，故障率高的部件先进行替换。

### 3. 拔插法

拔插法是指通过拔插板卡后观察电脑的运行状态来判断故障所在的方法。若拔出除 CPU、内存和显卡外的所有板卡后系统仍不能正常工作，那么故障很有可能就在主板、CPU、内存或显卡上。另外，拔插法还能解决一些如芯片、板卡与插槽接触不良所造成的故障。

**重点提示** 　电脑常见故障的排除方法还有清除灰尘法、程序检测法、最小系统法及升/降温法等。

## 7.5.2　电脑硬件故障排除

硬件故障的排除相对简单，当通过检测手段大致确认了哪个硬件发生故障并了解了故障的起因后，基本上可以制定出故障的解决方案。

❖ 如果出现故障的硬件外观和电路板等没有发生破损、烧焦、脱落和散开等物理损坏，在关机后重新安装到正确的位置或者恢复为默认设置，然后开机检查即可。此方法多用于解决硬件连接不当或接触不良之类的简单故障。

❖ 如果故障是由于过多的灰尘所导致的，则需要打开机箱或者硬件外壳，使用毛刷、棉签、橡皮和抹布等工具进行清理即可。对于光驱激光头的清理，还需要使用酒精等清洁液。

❖ 对于任何硬件的排除，建议事先查看有关的产品说明书。很多硬件设备的说明书不但详细地介绍了产品特点、参数、性能和注意事项，还列举了一些常见故障的解决方法。

❖ 正规渠道购买的硬件都有一定的保修期，对于没有把握处理的故障，在保修期内可以联系有关保修单位进行维修。

## 7.5.3　电脑软件故障排除

软件故障的解决比较复杂，因为导致软件故障的可能性非常多，不同软件的功能和应用环境也不尽相同。常用的排除方法如下：

❖ 对于偶然出现的、影响不大的软件故障，最好的解决方法就是重新启动软件或者重新启动电脑。

❖ 对于由于软件自身缺陷导致的故障，最好的方法是更新或者安装补丁程序。

❖ 对于由于注册表关键值的破坏和设置错误引起的软件故障，可以通过采用系统优化和修复注册表错误来解决。

❖ 对于由于参数设置不当引起的软件故障，应查阅说明文档或者其他用户的经验文章，了解软件各参数的作用，并根据具体应用环境和需要重新进行设置。

❖ 对于由于软件本身遭到破坏引起的故障，比较有效的方法是覆盖安装原软件，这样通常能够保存原先的设备和用户数据。当覆盖安装并不能完全解决问题时，可以先导出或者备份用户数据，然后卸载程序，删除所有遗留文件，最后再重新安装。

❖ 对于一些比较极端的故障，例如系统文件无法进行修复、无法进行重新安装和病毒不能完全根除等，唯一的解决方法就是格式化硬盘。

**重点提示**　　格式化硬盘是最有效的一种解决软件故障的方法，几乎所有的软件故障都可以通过这种方法得以解决，但它同时也是损失最大的方法，所有未备份的数据和已安装的软件都会丢失。

# 7.6　使用杀毒软件——瑞星 2008

　本节内容学习时间为 15:10～16:10（视频：第 7 日\查杀病毒和设置安全等级）

## 7.6.1　认识电脑病毒

电脑病毒是指能够通过自我复制和自我传播而产生破坏作用的一种程序，它具有破坏性、传染性、隐蔽性和潜伏性等特点。深入和全面认识电脑病毒的特点是有效防治病毒的前提。电脑病毒的具体特点如下。

❖ 破坏性：电脑感染上病毒，就会对系统、应用软件和存储数据产生破坏，影响电脑的正常运行，严重时将使电脑系统崩溃，但是它不会损坏硬件设备。

❖ 传染性：病毒一旦入侵电脑，就会寻找合适的文件或存储介质作为外壳，并将自己的全部代码复制到外壳中，从而达到传染目的。

❖ 隐蔽性：病毒往往寄生在软盘、光盘或硬盘的某些程序文件中，有的病毒则有固定的发作时间。

❖ 潜伏性：系统被病毒感染后，病毒一般不即时发作，而是潜藏在系统中，等条件成熟后再发作，给系统带来严重的破坏。病毒的潜伏时间有的是固定的，有的是随机的。

## 7.6.2 电脑病毒的分类

电脑病毒的分类方法很多，按照病毒寄生场所的不同，可以将电脑病毒分为以下两种。

❖ 引导区病毒：这类病毒隐藏在硬盘或软盘的引导区中，当电脑使用感染了引导区病毒的硬盘或软盘启动时，或当电脑从受感染的软盘中读取数据时，引导区病毒就开始发作。一旦它们将自己复制到电脑的内存中，马上就会感染其他磁盘的引导区，或通过网络传播到其他电脑上。

❖ 文件型病毒：这类病毒寄生在电脑文件当中，它们常常通过对其编码加密或使用其他技术来隐藏自己。一旦运行被感染了病毒的程序文件，病毒便被激发，执行大量的操作，并进行自我复制，同时附着在系统其他可执行文件上伪装自身，并留下标记，以后不再重复感染。

## 7.6.3 电脑病毒的表现形式

电脑感染了病毒后的主要表现形式有以下几种：

❖ 数据或者文件莫名丢失，原来正常的文件局部或全部变为乱码。

❖ 有规律地发生异常动作，如突然死机后又自动启动。

❖ 有异常的磁盘访问，且磁盘访问时间较长。

❖ 出现名称怪异的文字或文件大小不合常理。

❖ 扬声器发出有规律的非正常声音。

❖ 屏幕出现花屏或局部的乱码。

❖ 可用的磁盘空间快速减小。

❖ 异常地要求输入密码。

❖ 磁盘坏块大量增加。

❖ 系统引导时间增长。

## 7.6.4 病毒的防治

在对病毒的特点和分类进行了解后，为了让电脑摆脱病毒困扰和有效防止病毒的入侵，需要做到以下几点：

❖ 不要安装来历不明的软件和运行未知程序，不要访问不健康的网站。

❖ 不要让他人轻易访问自己电脑上的信息。

❖ 及时删除垃圾邮件。

❖ 将重要的数据和文件进行备份并经常对系统进行维护和杀毒。

❖ 安装杀毒软件，启用其监视功能，并定期对杀毒软件进行升级。

## 7.6.5 杀毒专家——瑞星 2008

目前市场上的杀毒软件众多，如瑞星 2008、卡巴斯基和 KV2008 等。本节就以瑞星 2008 为例，介绍如何使用杀毒软件查杀病毒。

瑞星 2008 是一款功能强大的病毒防范软件，具有扫描速度快、识别率高和占用资源少等优点。

### 1. 安装瑞星2008杀毒软件

在网上下载瑞星2008安装程序后，就可以在电脑上安装了。安装瑞星2008杀毒软件的具体操作步骤如下：

（1）单击瑞星2008杀毒软件的安装图标，打开"选择语言"对话框，选择"中文简体"选项，然后单击 确定(O) 按钮，如图7-29所示。

图7-29　"选择语言"对话框

（2）打开"瑞星欢迎您"界面，单击 下一步(N) 按钮，如图7-30所示。

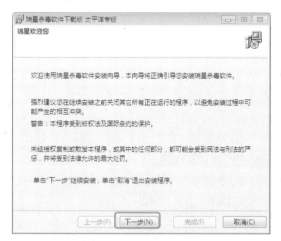

图7-30　"瑞星欢迎您"界面

（3）打开如图7-31所示的对话框，要求用户阅读软件许可协议。阅读完毕后选中 我接受(A) 单选按钮，然后单击 下一步(N) 按钮。

（4）在打开的对话框中选择需要安装的组件，然后单击 下一步(N) 按钮，如图7-32所示。

（5）在打开的对话框中单击 浏览(B) 按钮选择安装路径，如图7-33所示，然后单击 下一步(N) 按钮。

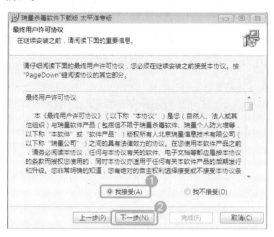

图7-31　阅读软件许可协议

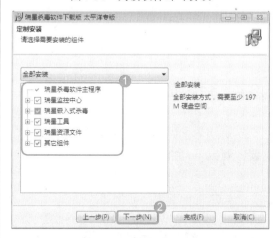

图7-32　选择安装组件

（6）在打开的对话框中按照系统默认设置，直接单击 下一步(N) 按钮，如图7-34所示。

（7）打开"安装信息"对话框，如图7-35所示，单击 下一步(N) 按钮继续安装。

（8）在打开的对话框中显示安装进度，安装完毕后，提示需要重新启动计算机，如图7-36所示，单击 完成(F) 按钮。

图 7-33　选择安装路径

图 7-35　"安装信息"对话框

图 7-34　选择开始菜单文件

图 7-36　安装完成

## 2. 设置瑞星 2008

瑞星 2008 是一款功能强大的病毒防范软件，它可以保护用户的电脑系统不受病毒入侵，还提供了全方位的"实时监控"功能，可以实时检测和查杀外来移动存储设备、光盘和互联网上的病毒及其相关的程序。在杀毒前可在其菜单栏中进行设置。设置瑞星 2008 的具体操作步骤如下：

（1）双击桌面上的瑞星 2008 图标，打开瑞星 2008 主界面，在菜单栏中选择"设置"→"详细设置"命令，如图 7-37 所示。

（2）打开"详细设置"对话框，在其中可以进行手动查杀、快捷方式查杀、定制任务和嵌入式杀毒等选项的设置，如图 7-38 所示。

（3）设置完成后，单击 确定(O) 按钮即可。

图 7-37　瑞星 2008 主界面

图 7-38　"详细设置"对话框

第7日

"详细设置"对话框中的常用选项介绍如下。

❖ 手动查杀：是指通过在文件上右击，在弹出的快捷菜单中选择"瑞星杀毒"命令进行扫描的方式，选择该选项后可对文件类型和病毒类型等进行设置。

❖ 嵌入式杀毒：是指将瑞星嵌入一些常用的软件中，如 Office 和 IE 等，每当使用这类程序时将自动执行杀毒工作。

❖ 定制任务：可以选择每小时、每天、每周或每月的任何时间进行病毒查杀，还可以定时对系统进行自动升级。

❖ 快捷方式查杀：是指扫描容易感染病毒的可执行文件，选择该选项后可进行设置。

❖ 其他设置：可以设置声音报警和使用瑞星助手。

### 3. 使用瑞星 2008 查杀病毒

当电脑有感染病毒的迹象时，应立即查杀病毒，以防止蔓延。使用瑞星 2008 进行杀毒的具体操作步骤如下：

（1）启动瑞星 2008，进入其主界面，选择"杀毒"选项卡。

（2）在"查杀目标"选项卡中选择要杀毒的目标位置，这里选择 F 盘，然后单击 <开始查杀> 按钮，如图 7-39 所示。

毒查杀，如图 7-41 所示。

图 7-40　开始查杀病毒

图 7-39　设置查杀目标

（3）瑞星 2008 开始查杀病毒，并在其操作界面的下方显示杀毒的进程，如图 7-40 所示。

（4）查杀完病毒后，将在打开的"杀毒结束"对话框中显示查杀文件数、发现病毒数和扫描用时等信息，单击"确定"按钮，即可完成病

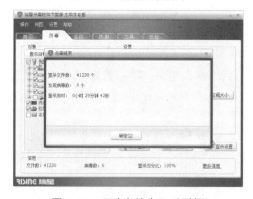

图 7-41　"杀毒结束"对话框

**指点迷津**

如果在图 7-39 所示的对话框中单击"更多信息"超链接，可以在弹出的对话框中查看更详细的查杀信息。

# 7.7 网络安全设置

本节内容学习时间为 16:20～17:00（视频：第 7 日\查杀病毒和设置安全等级）

在网络日益普及、信息泛滥的时代，网络安全隐患无处不在，为了最大程度地保障自己的电脑安全，在上网时免受病毒侵扰，本节将介绍一些常见的网络安全防范措施。

## 7.7.1 为 Internet 区域设置安全等级

通过 IE 浏览器可以设置一些区域的安全保护级别，具体操作步骤如下：

（1）启动 IE 浏览器，选择"工具"→"Internet 选项"命令，打开"Internet 选项"对话框，选择"安全"选项卡，在下面的列表框中选择 Internet 选项，然后单击 自定义级别(C)... 按钮，如图 7-42 所示。

图 7-43 "安全设置-Internet 区域"对话框

（3）系统弹出"警告！"对话框，直接单击 是(Y) 按钮，如图 7-44 所示。

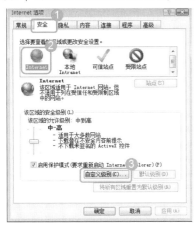

图 7-42 "安全"选项卡

图 7-44 "警告！"对话框

（2）打开"安全设置-Internet 区域"对话框，在"设置"列表框中设置是否启用 ActiveX 控件和 Java 脚本程序等，在"重置为"下拉列表框中选择安全级别，然后单击 重置(E) 按钮，如图 7-43 所示。

（4）返回"安全设置-Internet 区域"对话框，单击 确定 按钮，返回"Internet 选项"对话框，再单击 确定 按钮，即可完成安全级别的设置。

## 7.7.2 设置 IE 浏览器的分级审查功能

现在有很多不健康的网站，如迷信、暴力和色情网站等，这些网站上的信息不仅危害人们的心灵，而且网页中往往带有很多病毒。使用 IE 浏览器自带的分级审查功能可以控制浏览器显示的内容。

使用 IE 浏览器自带的分级审查功能的具体操作步骤如下：

（1）启动 IE 浏览器，选择"工具"→"Internet 选项"命令，打开"Internet 选项"对话框，选择"内容"选项卡，单击 启用(E)... 按钮，如图 7-45 所示。

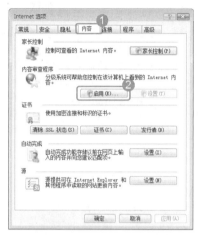

图 7-45 "内容"选项卡

（2）打开"内容审查程序"对话框，在"请选择类别，查看分级级别"列表框中选择要设置的级别，然后拖动下方的滑块调节指定用户可以查看内容的级别，如图 7-46 所示。

（3）单击 确定 按钮，打开"创建监护人密码"对话框，在"密码"和"确认密码"文本框中输入密码，在"提示"文本框中输入密码提示信息，然后单击 确定 按钮，如图 7-47 所示。

（4）返回"内容审查程序"对话框，单击 确定 按钮即可。

图 7-46 "内容审查程序"对话框

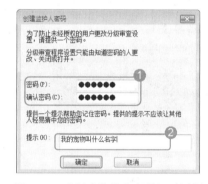

图 7-47 "创建监护人密码"对话框

**指点迷津** 为了保证孩子的身心健康，Windows Vista 还提供了家长控制功能，也可以限制孩子对网站的访问权限。

# 7.8 本日小结

本节内容学习时间为 19:00～19:20

今天主要介绍了电脑的日常维护、磁盘维护、操作系统维护和优化、电脑常见故障的排除、查杀病毒以及网络安全等方面的知识。

通过今天的学习，读者应该对电脑的使用方法有一个正确的认识，同时，要学会爱护自己的电脑，应经常对其进行维护和升级。当然，电脑在使用过程中一般都会出现问题，此时，用户要学会根据所学的知识对其进行分析，找出原因并解决问题。

# 7.9 新手练兵

 本节内容学习时间为 19:30～20:30

## 7.9.1 系统还原功能——创建还原点

在 Windows Vista 操作系统中，还可以利用系统自带的还原功能将系统恢复到之前的某个状态下，这样不会丢失个人数据或者文件。

电脑会自动创建还原点，用户也可以通过手动的方式创建自己的还原点。具体操作步骤如下：

（1）选择"开始"→"所有程序"→"附件"→"系统工具"→"系统还原"命令，打开"系统还原"对话框，如图 7-48 所示。

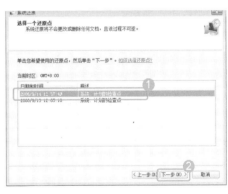

图 7-49 "选择一个还原点"对话框

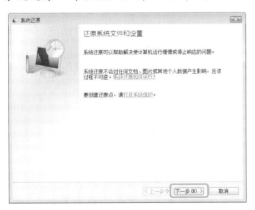

图 7-48 "系统还原"对话框

（2）单击 下一步(N) > 按钮，打开"选择一个还原点"对话框，选择合适的还原日期后，单击 下一步(N) > 按钮，如图 7-49 所示。

（3）打开"确认您的还原点"对话框，其中显示了该还原点创建的时间和名称，如图 7-50所示，单击 完成 按钮完成还原点的创建。

图 7-50 "确认您的还原点"对话框

**重点提示** 在创建系统还原点时要确保硬盘有足够的可用空间，否则可能导致创建失败。

## 7.9.2 系统还原功能——恢复还原点

在系统出现故障时，可利用之前创建的还原点使系统恢复到之前的一个状态。具体操作步骤如下：

（1）在桌面上的"计算机"图标上右击，在弹出的快捷菜单中选择"属性"命令，打开"系统"窗口，单击窗口左侧的"系统保护"超链接，如图 7-51 所示。

图 7-51　打开"系统"窗口

（2）打开"系统属性"对话框，选择"系统保护"选项卡，单击"系统还原"按钮，如图 7-52 所示。

图 7-52　打开"系统属性"对话框

（3）在打开的"还原系统文件和设置"对话框中选中"推荐的还原"单选按钮，然后单击 下一步(N) > 按钮，如图 7-53 所示。

图 7-53　"还原系统文件和设置"对话框

（4）打开"确认您的还原点"对话框，确认还原点后单击 完成 按钮，系统即开始进行还原操作，如图 7-54 所示。

**重点提示** 系统还原操作是可逆的，当用户在执行了还原操作后，如果感觉效果不理想，在打开的"系统还原"对话框中选中"撤销我上次的恢复"单选按钮可以撤销此次操作。

图 7-54　完成系统还原

# 附录 A

## 附录内容综述

越越老师：超超，通过前面的学习，你感觉收获怎么样？

超超：我感觉对电脑已经入门了。

越越老师：其实要详细了解电脑的使用方法，还需要学习很多知识呢，我们限于篇幅只学习了一些基本的操作。

超超：老师，那您再给我讲一些深入的电脑知识吧！

越越老师：好的，下面我们就来学习。

# A.1 第1日练习与提高

## A.1.1 电脑组装全程图解

选购电脑时，可以购买品牌电脑，也可以购买组装电脑。下面学习如何组装一台电脑，并将电脑设备连接起来。

### 1. 组装电脑

购买组装电脑时，技术人员会根据用户要购买的电脑硬件将电脑组装起来。组装电脑的基本操作步骤如下：

（1）将 CPU 和内存条安装到主板上。

（2）将主板安装到主机箱内。

（3）连接主板与主机箱的线，主要包括电源按钮、重启按钮和硬盘指示灯等，并确保机箱电源与主板之间的线连接好。

（4）将显卡、声卡、网卡以及风扇连接到主板上，与此同时还要将光驱、硬盘和软驱等相应的电源线与机箱上的电源连接，并将数据线与主板对应的接口连接。

**重点提示**　组装电脑前，可先将手与暖气管或自来水管接触以将人体的静电放掉。计算机组装过程中硬件需轻拿轻放，切记不能带电操作。

### 2. 连接电脑

电脑组装完成后，需要将电脑外部设备与主机连接起来。连接电脑的具体操作步骤如下：

（1）将显示器信号线带有针形插头的一端与电脑主机箱背面的显示端口相连，如图 A-1 所示。

（2）连接好后将插头上的螺帽按顺时针方向旋转，使其与端口连接稳固，连接后的效果如图 A-2 所示。

图 A-1　连接显示器电缆

图 A-2　连接后的效果

（3）将显示器的电源线插在电源插座上即可完成显示器的连接。

（4）将键盘插头插入机箱背面的 PS/2 圆形插孔中（键盘插头的颜色与键盘插孔的颜色应一致），如图 A-3 所示。

图 A-3　键盘插口

（5）将鼠标插头插入机箱背面的 PS/2 圆形插孔中（鼠标插头的颜色与鼠标插孔的颜色应一致），如图 A-4 所示。

图 A-4　鼠标插口

（6）连接音箱时，只需将音箱输入线插入声卡的音箱输出孔中并连接电源即可，如图 A-5 所示。

图 A-5　连接音箱的插孔

（7）准备好电源线，将电源输入线插入主机箱背面的电源输入孔中，如图 A-6 所示。

图 A-6　连接机箱电源线

（8）将电源线另一端插到电源插座上，至此，电脑连接操作完成。

**指点迷津**　键盘和鼠标都有 USB 接口和 PS/2 接口两类。常见的圆形插头属于 PS/2 接口，如果键盘或者鼠标属于 USB 接口，则直接将其插入机箱背面的 USB 插口即可。

## A.1.2　鼠标光标的含义

当进入 Windows Vista 桌面时，移动鼠标，可以发现屏幕上有一个小箭头（ ）随之移动，这就是鼠标光标。电脑在不同的运行状态下，鼠标光标也会呈现出不同的形状，表 A-1 中列出了光标在电脑中的表现形式及含义。

表 A-1　鼠标指针的各种含义

| 指 针 形 状 | 含 义 |
| --- | --- |
| ↖ | 鼠标指针的基本形状 |
| ↖⏳ | 系统正在执行某操作，要求用户等待 |
| ⏳ | 系统处于忙碌状态，正在处理较大的任务，此时最好暂停其他操作 |
| I | 编辑光标，此时可在该光标处输入文本 |
| ↔ ↕ ↖ ↗ | 经常出现在窗口的边框上，此时按住鼠标左键拖动可改变窗口大小 |
| ✛ | 该光标在移动对象时出现，拖动鼠标或者按键盘上的方向键可移动该对象 |
| ↳ | 链接选择，此时拖动鼠标将打开与当前对象链接的目标对象 |
| ＋ | 精确定位光标，常出现在绘图软件中 |
| ↖? | 帮助选择，单击某对象可得到与之相关的帮助信息 |
| ⊘ | 表示当前操作不可用 |

## A.1.3　电脑死机的解决办法

在使用电脑的过程中，由于执行了错误的操作、打开的窗口太多或系统性能不稳定等原因，都有可能引起"死机"现象。下面针对不同的情况介绍几种解决"死机"的方法。

### 1. 重新启动电脑

当出现"死机"现象，鼠标光标突然不能移动，且也不能进行任务操作时，可以先关掉主机电源，即按住主机箱上的电源开关持续 3 秒钟以上，直到关闭电脑，等待一段时间后再重新启动电脑即可。

### 2. 注销

当无法结束任务时，可以采用注销的方法关闭所有当前运行的应用程序。注销的具体操作步骤如下：

（1）单击桌面左下角的"开始"按钮，在弹出的菜单中选择"注销"命令，如图 A-7 所示。

（2）打开"注销 Windows"对话框，如图 A-8 所示，单击"注销"按钮，系统将自动注销系统。

图 A-7　"开始"菜单

图 A-8　"注销 Windows"对话框

### 3. 结束任务

在使用电脑工作时，当出现电脑不能及时反应，但鼠标光标可以移动时，需结束当前正在运行的部分任务，使电脑反应速度加快。结束任务的具体操作步骤如下：

（1）按 Ctrl+Alt+Del 组合键，打开"Windows 任务管理器"对话框。

（2）选择"应用程序"选项卡，在"任务"栏中选择需要结束任务的选项，单击 结束任务(E) 按钮，系统将自动结束该任务，如图 A-9 所示。

（3）使用同样的方法结束其他任务，这样电脑就可以正常工作了。

**指点迷津**

在电脑死机的情况下，有时需要进行强制关机。方法为先按住主机上的 Power 按钮，3 秒钟后关掉主机电源，然后再关闭显示器的电源即可。

图 A-9 "Windows 任务管理器"对话框

# A.2 第 2 日练习与提高

## A.2.1 安装 Windows Vista 操作系统

安装 Windows Vista 有全新安装、在现有系统上全新安装和在现有系统上升级安装 3 种方式。全新安装是指在安装操作系统前，硬盘中没有安装任何的操作系统，如在新买的硬盘中安装操作系统就是全新安装。

### 1. 安装 Windows Vista 的硬件要求

❖ CPU：800MHz。

❖ 内存：512MB。

❖ 硬盘：最小容量是 40GB，可用空间不低于 15GB。

❖ 光盘驱动器：DVD-ROM 光驱。

❖ 显示器：支持 VGA 接口。

❖ 显卡：64MB 显存。

❖ 输入设备：Windows 兼容键盘、鼠标。

### 2. 安装 Windows Vista 的操作步骤

电脑可以通过硬盘、光驱、软驱或 U 盘等设备引导启动，但具体的启动顺序需要在 BIOS 中进行设置。默认情况下 BIOS 设置的启动顺序为：软盘→硬盘→光驱。

在安装系统前，通常需要将电脑设置为从光驱启动，这时就需要重新设置电脑的启动顺序，将第一驱动设备设置为光驱，这样电脑才能识别光驱中的光盘，且可以进行全新安装。

全新安装操作系统的具体操作步骤如下：

（1）将 Windows Vista 的安装光盘放入 DVD 光驱，稍后系统自动开始加载安装所需文件，效果如图 A-10 所示。

图 A-10　加载文件

（2）加载完安装所需的文件后，安装程序即开始启动安装向导，如图 A-11 所示。

图 A-11　启动安装向导

（3）稍等片刻，即可显示要求用户设置语言和其他选项的窗口，在"要安装的语言"、"时间和货币格式"及"键盘和输入方法"下拉列表框中分别选择与中文（简体）相关的选项，这里保持默认设置，单击"下一步"按钮，如图 A-12 所示。

（4）显示"现在安装"界面，单击中间的 按钮，如图 A-13 所示。

（5）打开"键入产品密钥进行激活"对话框，在其中的"产品密钥"文本框中输入产品密钥，这里输入安装密钥，然后单击 下一步(N) 按钮，

如图 A-14 所示。

图 A-12　设置语言和键盘输入方式

图 A-13　现在安装界面

图 A-14　"键入产品密钥进行激活"对话框

（6）打开"选择要安装的操作系统"对话框，这里选择 Windows Vista BUSINESS 选项，然后单击 下一步(N) 按钮，如图 A-15 所示。

图 A-15　"选择要安装的操作系统"对话框

（7）打开"请阅读许可条款"对话框，选中"我接受许可条款"复选框，然后单击 下一步(N) 按钮，如图 A-16 所示。

图 A-16　"请阅读许可条款"对话框

（8）打开"您想进行何种类型的安装？"对话框，单击"自定义（高级）"按钮，如图 A-17 所示。

图 A-17　单击"自定义（高级）"按钮

（9）打开"您想将 Windows 安装在何处？"

对话框，选择"磁盘 0 分区 1"选项，然后单击 下一步(N) 按钮，如图 A-18 所示。

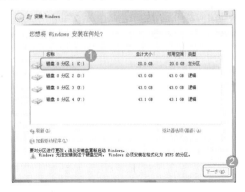

图 A-18　"您想将 Windows 安装在何处？"对话框

（10）安装程序开始复制安装所需的文件，同时显示安装进程，如图 A-19 所示。

图 A-19　安装进程

（11）安装完成后，电脑将自动重启，如图 A-20 所示。

图 A-20　完成安装

（12）重启后，启动 Windows Vista 并对相

关选项进行设置，打开"选择一个用户名和图片"对话框，在"输入用户名"和"输入密码"文本框中输入用户的相应信息，然后单击 下一步(N) 按钮，如图 A-21 所示。

图 A-21　"选择一个用户名和图片"对话框

（13）打开"输入计算机名并选择桌面背景"对话框，在"输入计算机名"文本框中输入电脑的名称，在"选择一个桌面背景"栏中选择一张图片作为操作系统的桌面背景，然后单击 下一步(N) 按钮，如图 A-22 所示。

图 A-22　设置计算机名和桌面背景

（14）打开"帮助自动保护 Windows"对话框，设置系统保护与更新，单击"使用推荐设置"按钮，如图 A-23 所示。

（15）打开"复查时间和日期设置"对话框，设置正确的时区、日期和时间，然后单击 下一步(N) 按钮，如图 A-24 所示。

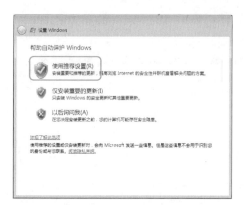

图 A-23　"帮助自动保护 Windows"对话框

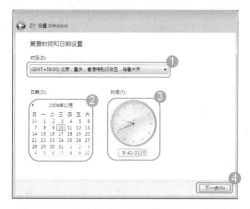

图 A-24　"复查时间和日期设置"对话框

（16）打开"请选择计算机当前的位置"对话框，单击"公共场所"按钮，如图 A-25 所示。

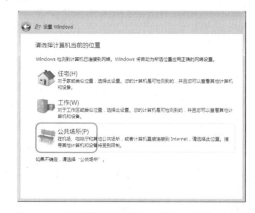

图 A-25　"请选择计算机当前的位置"对话框

（17）在打开的对话框中提示完成对 Windows Vista 的设置，单击 开始(S) 按钮进入

Windows Vista，如图 A-26 所示。

图 A-26　进入 Windows Vista

（18）打开系统欢迎界面，Windows Vista 开始对系统中的其他选项进行设置，如图 A-27 所示。

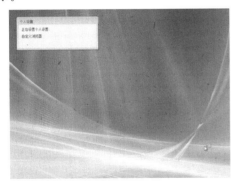

图 A-27　欢迎界面

（19）设置完成后登录 Windows Vista，系统将打开"欢迎中心"窗口，在该窗口中可了解 Windows Vista 的各种功能和操作方法，如图 A-28 所示。

图 A-28　"欢迎中心"窗口

（20）至此，Windows Vista 操作系统安装完成。

**指点迷津**　"欢迎中心"窗口的用途很大，用户可在其中进行各种系统设置。如果取消选中窗口下方的"启动时运行"复选框，则在开机时将不启动该"欢迎中心"。

### 3. 激活 Vista

安装 Windows Vista 后，还要对其进行激活操作，因为只有在激活 Windows Vista 以后才能使用 Windows Vista 操作系统的全部功能。Windows Vista 操作系统的激活期一般为 30 天，过了这 30 天仍未激活，Windows Vista 将无法正常工作。

下面讲解 Vista 的激活方法，具体操作步骤如下：

（1）单击 ![按钮] 按钮，在打开的"开始"菜单中右击"计算机"选项，然后在弹出的快捷菜单中选择"属性"命令，如图 A-29 所示。

（2）在打开的窗口中单击"剩余 29 天可以激活，立即激活 Windows"超链接，如图 A-30 所示。

（3）打开"用户账户控制"对话框，单击 ![继续(C)] 按钮，如图 A-31 所示。

图 A-29　选择"属性"命令

图 A-30　激活窗口

图 A-31　"用户账户控制"对话框

（4）打开"现在激活 Windows"对话框，单击 现在联机激活 Windows (A) 按钮，如图 A-32 所示。

（5）打开"正在激活 Windows…"对话框，此时，电脑将连接到 Internet，用户根据提示进行操作即可激活 Windows Vista，如图 A-33 所示。

（6）激活成功后，打开"激活成功"对话框，提示完成 Windows Vista 的激活，并打开提示对话框提示"计算机已永久激活"，单击"确定"按钮，然后单击"关闭"按钮，即完成激活操作，如图 A-34 所示。

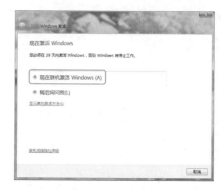

图 A-32　"现在激活 Windows"对话框

图 A-33　连接 Internet

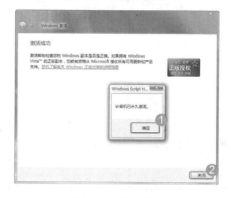

图 A-34　激活成功

## A.2.2　文件及文件夹的属性设置

Windows Vista 中文件或文件夹的属性一般包括 3 种，即只读属性、隐藏属性和存档属性，各属性的含义如下。

❖ 只读属性：只能读取文件或文件夹的内容，但不能对其进行修改或写入。

❖ 隐藏属性：将文件或文件夹隐藏起来，使别人看不见。

❖ 存档属性：是指对文件或文件夹可以进行任意修改和编辑。

设置文件或文件夹属性的具体操作步骤如下：

（1）选择需要设置属性的文件或文件夹，在其图标上单击鼠标右键，在弹出的快捷菜单中选择"属性"命令，如图 A-35 所示。

（2）打开"属性"对话框，在"属性"栏中选中☑隐藏(H)复选框，如图 A-36 所示，单击 确定 按钮，完成文件或文件夹的属性设置。

图 A-35  选择"属性"命令

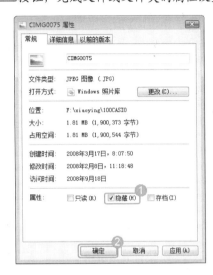

图 A-36  "属性"对话框

**重点提示**　　　选中☑隐藏(H)复选框并单击 确定 按钮后，被隐藏的文件并没有被立即隐藏，而是呈透明显示，此时在原窗口按 F5 键刷新一下，即可将文件隐藏。

# A.3　第 3 日练习与提高

SnagIt 是一款功能强大的屏幕图像捕获软件，使用它不仅可以捕捉屏幕图像，还可以捕捉文本和视频图像，捕获后可以保存为 JPEG、TIF、GIF 或 BMP 等多种图形格式，并可以使用其自带的编辑器对捕获对象进行编辑。下面将以 SnagIt 8.3.2 为例进行讲解。

## 1. 认识 SnagIt 工作界面

安装 SnagIt 软件后，双击桌面上的快捷图标，打开 SnagIt 主界面。进行捕获之前，首先需要设置捕获模式，然后选择捕获样式，最后单击"捕获"按钮。

单击"模式"按钮 🔘，在打开的菜单中包括 4 种捕获模式，如图 A-37 所示。下面分别介绍它们的具体含义。

图 A-37　SnagIt 的主界面

在进行捕获之前，还可以在"捕获配置设置"区域设置捕获配置，如包含光标、定时设置等。

❖ 图像捕获：捕获屏幕中的图像。

❖ 文字捕获：捕获屏幕中可编辑的文字。

❖ 视频捕获：捕获屏幕中活动的内容并保存为符合标准的 AVI 视频文件。

❖ 网络捕获：捕获网页中的图像。

## 2. 使用 SnagIt 抓图

下面使用 SnagIt 的"窗口到文件"捕获配置捕获 QQ 聊天的界面，并对捕获对象进行保存，具体操作步骤如下：

（1）启动 SnagIt 后，在其主界面中的"基本捕获配置文件"栏下提供了一些预设的捕获样式，这里选择"窗口到文件"捕获样式，如图 A-38 所示。

图 A-39　需要捕获的 QQ 聊天界面

（3）单击"捕获"按钮●或者按默认的捕获热键 Print Screen，将鼠标指针指向要捕获的 QQ 聊天界面，这时将出现一个红色线框，当红色线框框住要捕获的窗口后单击鼠标即可。

（4）完成捕获后，将打开 SnagIt 捕获预览窗口，如图 A-40 所示。

（5）单击工具栏中的"另存为"按钮💾，弹出"另存为"对话框，用户可以在"保存类型"

图 A-38　选择捕获样式

（2）打开需要捕获的 QQ 聊天界面，如图 A-39 所示。

下拉列表框中为图像设置保存类型，然后单击
保存(S)按钮，如图 A-41 所示。

图 A-40　预览窗口

图 A-41　"另存为"对话框

> **指点迷津**　在图 A-40 的预览窗口左侧提供了一些编辑工具，可以对捕获的图像进行编辑；右侧任务面板中提供了一些效果按钮，可以对图像效果进行调整。

（6）返回到预览窗口，单击"完成"按钮
即可完成操作。

### 3. 编辑捕获的图像

对于已捕获的图像，不但可以在预览窗口中进行编辑，还可以使用 SnagIt 提供的编辑器进行编辑。下面介绍在编辑器中对图像进行编辑的方法，具体操作步骤如下：

（1）在 SnagIt 主界面左侧的"快速启动"
窗格中单击"SnagIt 编辑器"按钮，如图 A-42
所示。

图 A-42　SnagIt 主界面

（2）打开"SnagIt 编辑器"窗口，单击工
具栏上的"打开"按钮，如图 A-43 所示。

（3）打开"打开媒体文件"对话框，选
择需要编辑的图片，然后单击 打开(O) 按钮，如

图 A-44 所示。

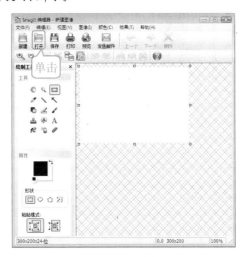

图 A-43　"SnagIt 编辑器"窗口

（4）返回编辑器窗口，可以看到 SnagIt 编辑
器提供了一些常用的编辑工具和方法，如图 A-45
所示。

（5）单击"绘制工具"栏中的"插图工具"

按钮 ，在下方的"属性"栏中选择要插入的图形，然后在捕获图像上单击插入该图形，稍后将弹出"编辑文字"对话框，输入文字后，单击 确定 按钮，则插入的图形效果如图 A-46 所示。

图 A-44  "打开媒体文件"对话框

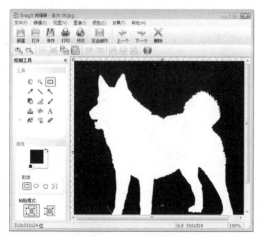

图 A-45  返回到 SnagIt 编辑器窗口

（6）选中捕获的图像，在编辑器窗口选择"效果"→"边缘效果"→"波形边缘"命令，如图 A-47 所示。

（7）在打开的"波形边缘"面板中设置边缘的"样式"和"阴影"等选项。

（8）单击工具栏中的"保存"按钮 或者执行"文件"→"另存为"命令，保存编辑后的图片。

图 A-46  插入图形

图 A-47  选择"边缘效果"命令

指点迷津

在编辑器窗口中提供了一些常用的编辑操作，例如，使用绘图工具、添加特殊效果、修剪图像和调整图像颜色等，在对应选项区域中选择命令即可开始执行对应的编辑操作。

# A.4 第4日练习与提高

## A.4.1 设置 Word 文档的自动保存

为了防止因突然断电等原因导致的文档不能及时保存的情况发生，Word 2007 提供了自动保存功能，可以使系统在指定的时间间隔自动保存文档。实现文档自动保存的具体操作步骤如下：

（1）单击 Office 图标，在弹出的下拉菜单中单击 Word 选项 按钮，如图 A-48 所示。

图 A-48  单击 Word 选项 按钮

（2）在左侧的列表框中选择"保存"选项，在右侧选中 保存自动恢复信息时间间隔(A) 复选框，在其后的数值框中输入每次进行自动保存的时间间隔，系统默认为 10 分钟，然后单击 确定 按钮即可，如图 A-49 所示。

图 A-49  文档自动保存设置

**重点提示**　　设置自动保存文档的时间间隔以 5~10 分钟为宜，如果间隔时间太短，则会频繁地保存文档，这样会占用系统大量的资源，从而降低工作效率。

## A.4.2 设置文档的页眉和页脚

在"页面设置"对话框的"版式"选项卡中可以设置页眉和页脚。页眉和页脚在文档中进行奇偶页的不同设置的具体操作步骤如下：

（1）选择"页面布局"选项卡，单击"页面设置"组中右下角的"对话框启动器"按钮 ，打开"页面设置"对话框，选择"版式"选项卡，如图 A-50 所示。

（2）在"页眉和页脚"栏中选中☑奇偶页不同(O) 复选框，为奇数页和偶数页设置不同的页眉和页脚；选中☑首页不同(P) 复选框，可为首页单独设置页眉和页脚。

（3）在"距边界"栏的"页眉"和"页脚"数值框中可以设置页眉和页脚边界的距离。

（4）设置完成后，单击 确定 按钮，应用设置的页眉和页脚格式效果。

图 A-50　设置页眉和页脚

# A.5　第 5 日练习与提高

Excel 的强大之处在于它的数据分析与处理能力，它的这些强大功能主要是通过公式和函数对数据进行复杂的计算来实现的。

## A.5.1　Excel 中公式的应用

公式是由用户根据需要自行设计的对工作表中的数据进行计算和处理的计算式。通常以等号"="开头，使用它可以对工作表中的数据进行加、减、乘、除等基本运算，还可以进行总计、平均和汇总等更为复杂的运算。

### 1. 输入公式

在 Excel 中，通过输入公式可以自动生成结果，从而避免了繁琐的人工计算，提高了工作效率。下面以计算销售额为例讲解如何在单元格中输入公式，具体操作步骤如下：

（1）打开工作表，选择 D2 单元格，在单元格或编辑栏中输入公式"=B2*C2"，如图 A-51 所示。

（2）按 Enter 键或单击编辑栏中的 ☑ 按钮即可将公式运算的结果显示在选定的单元格中，如图 A-52 所示。

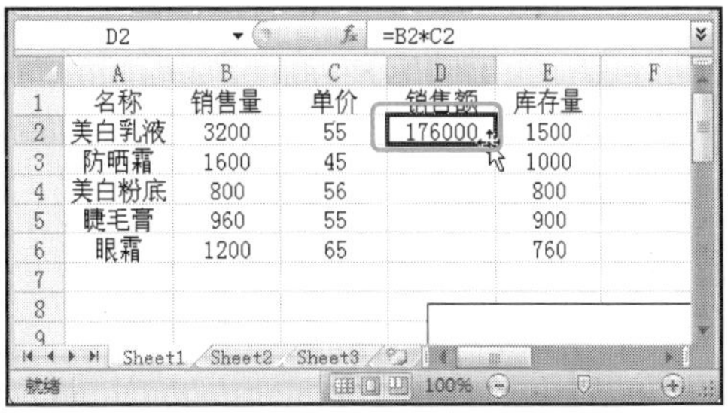

图 A-51　输入公式

图 A-52　计算结果

**重点提示**　输入公式时，可以直接输入到单元格中，也可以输入到编辑栏中，还可以在输入时单击该单元格，其公式即可自动显示在编辑栏中。

### 2. 复制公式

如果要在许多单元格中使用同样的公式，重复地输入公式很麻烦而且影响效率，此时可以使用复制公式的方法对其他单元格应用公式。复制公式的具体操作步骤如下：

（1）在图 A-52 中，单击选择 D2 单元格，将鼠标光标放置到单元格边框上，按住 Ctrl 键，当鼠标光标变为箭头形状时，单击鼠标并拖动鼠标到 D4 单元格，如图 A-53 所示。

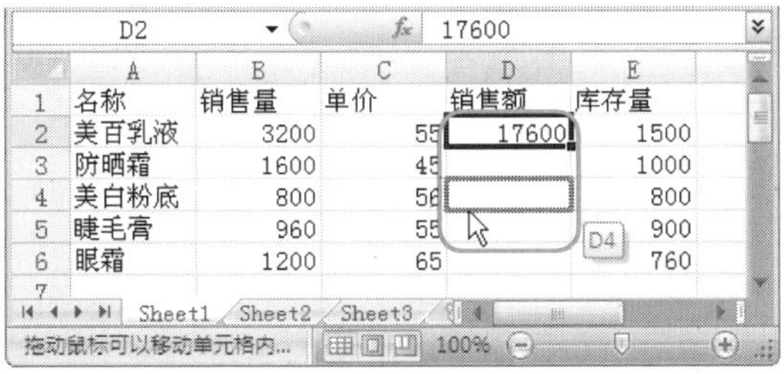

图 A-54　输入公式并计算结果

图 A-53　输入数据

（2）释放鼠标后即可看到 D4 单元格已经应用了公式并显示计算结果，如图 A-54 所示。

**重点提示**　若要快速地复制某一单元格中的公式到连续的单元格区域中，可以将公式复制到第一个单元格后，将鼠标光标放置到该单元格右下角处，当鼠标光标变为 ✚ 形状时拖动鼠标到目标单元格即可。

### 3. 删除公式

删除公式的方法非常简单，只需选中包含公式的单元格，再按 Delete 键即可将计算公式和计算结果一并删除。

若只希望删除公式而不删除计算结果，则具体操作步骤如下：

（1）选择要删除公式的单元格，在该单元格上单击鼠标右键，在弹出的快捷菜单中选择"复制"命令，如图 A-55 所示。

图 A-55 选择"复制"命令

（2）再次单击鼠标右键，在弹出的快捷菜单中选择"选择性粘贴"命令，如图 A-56 所示。

图 A-56 选择"选择性粘贴"命令

（3）打开"选择性粘贴"对话框，选中"粘贴"栏中的 数值(V) 单选按钮，然后单击 确定 按钮，如图 A-57 所示。

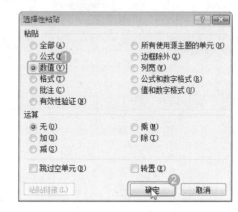

图 A-57 "选择性粘贴"对话框

（4）按 Enter 键确认，此时单元格中的公式已经被删除，只保留数值，如图 A-58 所示。

图 A-58 删除公式

## A.5.2 Excel 中函数的应用

Excel 将具有特定功能的一组公式组合在一起，便产生了函数。使用函数可以对某个区域内的数值进行一系列运算，如计算平均值、排序显示和运算文本数据等。

Excel 为用户提供了大量的函数，其中较常用的函数有求和函数 SUM、求平均数函数 AVERAGE 和最值函数 MAX、MIN 等。

### 1. 求和函数 SUM

SUM 函数用于计算单元格区域中所有数值的和，其参数可以是数值常量，如 SUM(4,5) 表示将计算 4+5；也可以是单元格或单元格区域的引用，如 SUM(A1,D1) 表示将计算 A1 和

D1 单元格中数值的和；而 SUM(B1:D4)表示求单元格区域 B1:D4 内各单元格数值的和。

### 2. 求平均值函数 AVERAGE

AVERAGE 函数用于计算单元格区域中所有数值的平均值，其参数与 SUM 函数类似。

### 3. 求最值函数 MAX 和 MIN

MAX 函数用于求参数中数值的最大值，如 MAX(A1,A2,A3)表示求 A1、A2 和 A3 单元格中数值的最大值。

MIN 函数用于求参数中数值的最小值，如 MIN(A1:E5)表示求单元格区域 A1:E5 内各单元格数值的最小值。

### 4. 函数的具体应用

下面以使用 MAX 函数求一组单元格数值中的最大值为例，介绍函数的使用方法，具体操作步骤如下：

（1）打开"股价图表"工作簿，单击选择 C12 单元格，然后单击编辑栏中的"插入函数"按钮 fx，如图 A-59 所示。

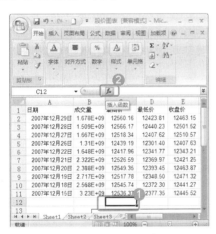

图 A-59　单击"插入函数"按钮

（2）打开"插入函数"对话框，在"选择函数"列表框中选择所需的 MAX 函数，然后单击 确定 按钮，如图 A-60 所示。

（3）打开"函数参数"对话框，在 Number1 文本框中输入 C2:C11 单元格区域，如图 A-61 所示。

（4）单击 确定 按钮，则单元格区域中的最大值被计算出来，结果存放于 C12 单元格中，如图 A-62 所示。

图 A-60　选择函数

图 A-61　"函数参数"对话框

图 A-62　计算出的最大值

# A.6　第6日练习与提高

## A.6.1　删除 IE 浏览器的历史记录

在 IE 浏览器的地址栏中输入网址进入网站后，IE 浏览器将自动记录访问过的网站，以备下次上网时快速访问。这虽然方便了用户进行网上冲浪，但同时也留下了安全隐患，若不想显示浏览过的网页记录，可将其删除。

删除 IE 浏览器历史记录的具体操作步骤如下：

（1）打开 IE 浏览器，选择"工具"→"Internet 选项"命令，打开"Internet 选项"对话框。

（2）默认打开"常规"选项卡，在"历史记录"栏中单击 删除(D) 按钮，如图 A-63 所示。

图 A-63　"Internet 选项"对话框

（3）打开"删除浏览的历史记录"对话框，在"历史记录"栏中单击 删除历史记录(H)... 按钮，如图 A-64 所示。

图 A-64　"删除浏览的历史记录"对话框

（4）打开如图 A-65 所示的提示对话框，单击 是(Y) 按钮，返回"Internet 选项"对话框，单击 确定 按钮即可。

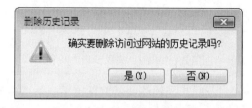

图 A-65　提示对话框

**重点提示**　　在"Internet 选项"对话框中选择"内容"选项卡，可以限制浏览内容；选择"高级"选项卡，可以对 IE 浏览器进行高级设置。

## A.6.2　电子邮件的管理

当收取或者保存到电子邮箱中的邮件数量越来越多时，就需要对邮件进行适当的整理，如删除不需要的邮件、创建通讯录等。

### 1. 删除电子邮件

在使用邮箱的过程中，会出现一些垃圾邮件或已经过期的邮件，为了释放更多的邮箱空间，必须将这些不需要的邮件删除。删除邮件的具体操作步骤如下：

（1）在打开的"收件箱"中选中要删除邮件前面的复选框，如图 A-66 所示，然后单击 删除 按钮。

（2）单击邮箱左侧窗格中的 已删除 超链接，选中刚删除邮件前面的复选框，单击 清空 按钮即可将其彻底删除，如图 A-67 所示。

图 A-66　删除邮件

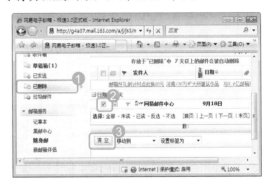

图 A-67　永久删除邮件

### 2. 创建通讯录

通讯录是邮箱的一项重要功能，邮箱地址比较难记，使用邮箱提供的通讯录功能可以将多个联系人的邮箱地址和联系方式等信息记录下来，在发送邮件时从通讯录中调出即可。下面讲解创建通讯录的方法，具体操作步骤如下：

（1）登录邮箱（xyin.g2010@163.com），选择邮箱顶部的"通讯录"选项卡，再单击 新建 按钮。

（2）在打开的"新建联系人"页面中填写联系人的姓名和电子邮箱地址等信息，填写完毕后单击 确定 按钮，如图 A-68 所示。

（3）在打开的页面中显示联系人添加成功，单击"所有联系人"超链接，即可看到添加的联系人，如图 A-69 所示。

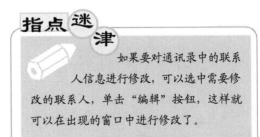

指点迷津

如果要对通讯录中的联系人信息进行修改，可以选中需要修改的联系人，单击"编辑"按钮，这样就可以在出现的窗口中进行修改了。

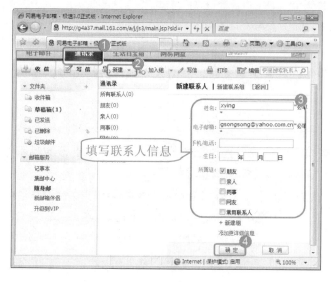

图 A-68　填写联系人信息

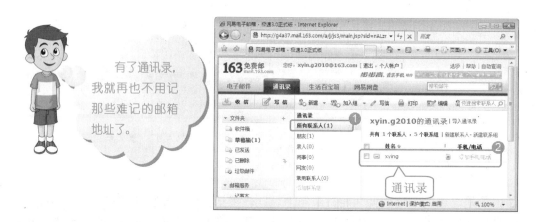

图 A-69　新建的通讯录

# A.7　第 7 日练习与提高

## A.7.1　启用 Internet 防火墙功能

为了使自己的电脑不受网络病毒的攻击，Windows Vista 操作系统提供了 Internet 网络防火墙功能。下面介绍使用 Internet 网络防火墙的方法，具体操作步骤如下：

（1）通过"开始"菜单打开"控制面板"窗口，单击"安全"超链接，如图 A-70 所示。

（2）在打开的"安全"窗口中，单击"打开或关闭 Windows 防火墙"超链接，如图 A-71

所示。

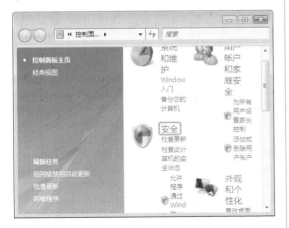

图 A-70　单击"安全"超链接

图 A-71　"安全"窗口

（3）打开"Windows 防火墙设置"对话框，选中 ◉ **启用（推荐）(0)** 单选按钮，然后单击 确定 按钮完成操作，如图 A-72 所示。

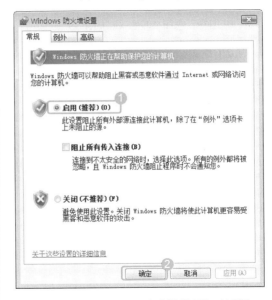

图 A-72　"Windows 防火墙设置"对话框

## A.7.2　使用用户账户控制

在以前的 Windows 版本中，新安装的系统默认以管理员模式登录系统，由于普通用户拥有了管理员的权限，所以使得部分恶意程序有机可乘；而 Vista 则不同，它采用了 UAC 机制，系统默认登录的用户为标准用户，目的就是让所有进程尽可能地运行在标准用户模式下，加强了系统安全性。

下面以启动 Windows Defender 检查更新为例介绍 UAC 的账户控制功能，具体操作步骤如下：

（1）启动电脑后，选择"开始"→"所有程序"→Windows Defender 命令，弹出 Windows Defender 对话框，单击 立即检查更新(K) 按钮，如图 A-73 所示。

图 A-74　"用户账户控制"对话框

图 A-73　选择 Windows Defender 命令

（2）弹出"用户账户控制"对话框，要求用户确认是否继续操作，如图 A-74 所示，这里单击"继续"按钮。

（3）启动 Windows Defender 程序，如图 A-75 所示。

图 A-75　启动的防火墙程序

**重点提示**　如果使用者以普通用户身份登录 Windows Vista，当执行系统设置或者软件安装时，UAC 不会拒绝用户进行操作，但必须输入一个管理员账号和密码，进行一次权限的提升，这样用户就不必注销，然后再使用管理员的账号登录系统进行安装即可。

## A.7.3　设置 Windows Defender

Windows Defender 可以帮助保护计算机，防止由于间谍软件及其他有害软件导致的安全威胁、弹出窗口以及运行速度变慢等现象发生。

### 1.　主界面

应用软件是指除了系统软件之外的软件，又可以分为专业软件和工具软件。专业软件是针对某一个领域编制的大型程序，如用于处理文档的 Word 软件和用于图像处理的 Photoshop 软件等；工具软件同样也属于应用软件的范畴，但是它的功能相对简单。

如图 A-76 所示为 Windows Defender 启动后的主界面。

### 2.　扫描当前电脑

单击 Windows Defender 界面中的"扫描"按钮，即可开始扫描当前电脑，默认开启的是快速扫描，如图 A-77 所示。

图 A-76　Windows Defender 启动后的主界面

图 A-77　开启快速扫描

扫描完毕时会显示具体的结果，如图 A-78 所示。

单击"扫描"按钮右侧的下三角按钮，还可以选择对电脑进行完全扫描或者自定义扫描，如图 A-79 所示。

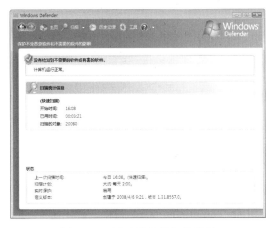

图 A-78　显示最终的扫描结果

图 A-79　多种可供选择的扫描方式

### 3.　工具和设置

单击 Windows Defender 主界面中的"工具"按钮，即可显示"工具和设置"界面，如图 A-80 所示。

单击"设置"栏中的"选项"超链接，在打开的"选项"界面中可以设置 Windows Defender 的扫描方式等参数，如图 A-81 所示。

单击"工具"栏中的"软件资源管理器"超链接，在打开的"软件资源管理器"界面中可以查看或监视当前电脑上运行的所有程序，如图 A-82 所示。在"类别"下拉列表框中可以查看被系统分类的活动程序，如图 A-83 所示。

图 A-80　"工具和设置"界面

图 A-81　设置自动扫描的时间等参数

图 A-82　"软件资源管理器"界面

图 A-83　电脑中被分类的程序